essentials

essentials liefern aktuelles Wissen in konzentrierter Form. Die Essenz dessen, worauf es als „State-of-the-Art" in der gegenwärtigen Fachdiskussion oder in der Praxis ankommt. *essentials* informieren schnell, unkompliziert und verständlich

- als Einführung in ein aktuelles Thema aus Ihrem Fachgebiet
- als Einstieg in ein für Sie noch unbekanntes Themenfeld
- als Einblick, um zum Thema mitreden zu können

Die Bücher in elektronischer und gedruckter Form bringen das Expertenwissen von Springer-Fachautoren kompakt zur Darstellung. Sie sind besonders für die Nutzung als eBook auf Tablet-PCs, eBook-Readern und Smartphones geeignet. *essentials:* Wissensbausteine aus den Wirtschafts-, Sozial- und Geisteswissenschaften, aus Technik und Naturwissenschaften sowie aus Medizin, Psychologie und Gesundheitsberufen. Von renommierten Autoren aller Springer-Verlagsmarken.

Weitere Bände in der Reihe http://www.springer.com/series/13088

Rainer Heide

Ethik in der Apotheke

Wissen, Vertrauen und
Kommunikation im
Kontext der Pharmazie

 Springer

Rainer Heide
Kernberg Apotheke
Jena, Deutschland

ISSN 2197-6708 ISSN 2197-6716 (electronic)
essentials
ISBN 978-3-658-26483-3 ISBN 978-3-658-26484-0 (eBook)
https://doi.org/10.1007/978-3-658-26484-0

Die Deutsche Nationalbibliothek verzeichnet diese Publikation in der Deutschen Nationalbibliografie; detaillierte bibliografische Daten sind im Internet über http://dnb.d-nb.de abrufbar.

Springer ist ein Imprint der eingetragenen Gesellschaft Springer Fachmedien Wiesbaden GmbH und ist ein Teil von Springer Nature
Die Anschrift der Gesellschaft ist: Abraham-Lincoln-Str. 46, 65189 Wiesbaden, Germany

Was Sie in diesem *essential* finden können

- Warum Moral und Ethik in der Apotheke wichtig sind
- Der verletzliche Mensch – seine Vulnerabilität
- Selbstbestimmung und Autonomie als Basis der Kommunikation
- Wie unterscheiden wir Wissen und Vertrauen in der Pharmazie
- Was verstehen wir unter Krankheit?
- Wie kann eine Ethik für Apotheker gestaltet sein?

Vorwort

Als Pharmazeut und Biologe ist man durch diese beiden unterschiedlichen Denkwelten schon ein Grenzüberschreiter und so bin ich in den vergangenen Jahren, besonders auch durch meine Arbeit in der geriatrischen Pharmazie, immer wieder mit Fragen konfrontiert worden, die nicht nur fachlich zu beantworten sind, sondern die wir auch aus moralischem bzw. ethischem Blickwinkel betrachten müssen.

Da es zu diesen Themen leider wenig Literatur im deutschsprachigen Raum gibt, möchte ich mit diesem *essential* beginnen, Grundlagen zu legen und Anstoß zum Nachdenken geben. Das Buch wird keine abschließenden Antworten liefern können, im Gegenteil, wahrscheinlich wird der Leser[1] danach mehr Fragen haben als zuvor. Aber das ist gewollt, denn ich möchte versuchen, die Fachleute aus gewohnten Denkbahnen und Routinen weg zu lenken und dazu anregen, tägliches Tun aus einer moralischen Perspektive zu hinterfragen. Weiterführend möchte ich einige Punkte ansprechen, die es vielleicht zukünftig möglich machen, die vorhandenen pharmazeutisch-ethischen Regelwerke anzupassen und zu ergänzen.

Rainer Heide

---

[1]Werden bei Berufs- und Personenbeschreibungen männliche Formen verwendet, stellt dies keinen Akt der bewussten Unterlassung anderer Geschlechtsbezeichnungen dar, sondern ist im historischen Kontext der Begrifflichkeit zu sehen und schließt sämtliche Geschlechter ein.

Inhaltsverzeichnis

Einführung – Warum Moral und Ethik nötig sind

1

Viele Pharmazeuten, aber auch andere Heilberufler, werden sich die Frage stellen: Warum sollen neben ihrer professionellen Arbeit und den erheblichen Wissenszuständen, die auch immerfort erneuert und aktualisiert werden müssen, nun auch noch die Themen „Ethik" und „Moral" eine zunehmend stärkere Rolle spielen?

Es geht nicht nur, wie Fink und Tromm [1] beschreiben, um das Verhalten des Apothekers im gesundheitspolitischen und sozialen Umfeld. Es geht auch nicht nur um das Verhalten mit und um Patienten oder Kollegen und anderen Heilberuflern (Ärzten, Pflegekräften etc.), es geht um viel mehr. Es geht um uns selbst als Personen, als Fachleute und um unser eigenes moralisches Handeln im diskursiven und kommunikativen interpersonellen Kontext. Es geht also um die Frage, was unser tägliches Handeln leitet und beeinflusst.

Für die Diskussion dieser Fragen muss geklärt werden, was moralisches Handeln überhaupt ist, was wir unter moralischem Handeln verstehen. „Unter anthropologischen Gesichtspunkten lässt sich nämlich Moral als eine Schutzvorrichtung verstehen, die eine in soziokulturellen Lebensformen strukturell eingebaute Verletzbarkeit kompensiert" [2].

In einer Umfrage unter Schweizer Kollegen mit Fragen zu moralischen Problemen im Berufsalltag und zur Frage der Orientierung bei Lösungsmöglichkeiten zur Beantwortung ethisch-moralischer Fragestellungen war die Standesordnung des Schweizer Apothekerverbandes noch das bekannteste Werk. Die Aussagen des internationalen Weltverbandes der Pharmazeuten FIP waren hingegen nahezu unbekannt [3]. Dies allein zeigt schon die Unbekanntheit der Materialien, aber eben auch die fehlende Diskussion innerhalb der pharmazeutischen Gemeinschaft, sodass ein Fokus auf ethische Überlegungen leider gar nicht erst entstanden ist.

© Springer Fachmedien Wiesbaden GmbH, ein Teil von Springer Nature 2019
R. Heide, *Ethik in der Apotheke,* essentials,
https://doi.org/10.1007/978-3-658-26484-0_1

Wir alle wollen „Das Gute tun" – auch und nicht nur im professionellen Alltag. Aber was ist das Gute? Was ist das Richtige? Diese Fragen zu beantworten gelingt einerseits nur auf der Basis grundsätzlichen moralischen und ethischen Denkens und andererseits durch Kommunikation im interpersonellen und multiprofessionellen Diskurs.

Die Diskussion um berufsethische und moralische Fragen in der Pharmazie ist offensichtlich ein wenig beachtetes Feld – das zeigt die geringe Anzahl an umfänglicheren Publikationen zu diesem Thema. Neben dem Artikel von Anderegg-Wirth und Rehmann-Sutter „Gibt es eine pharmazeutische Ethik?" [3] (Schweiz) und dem Buch „Pharmazie und Ethik" von Fink und Tromm [1] (Deutschland) gibt es im englischsprachigen Raum die umfassende Publikation „Pharmaceutical Ethics" von Salek und Edgar [4].

In der zeitgenössischen Diskussion in der Pharmazie spielt dieses Thema nur bei immer wiederkehrenden Verfehlungen innerhalb der Berufsgruppe eine Rolle. Ein grundlegender und gestaltender sowie zukunftsweisender Diskurs ist bisher leider nicht erfolgt. Um die Diskussion sachlich und inhaltlich valide zu führen, ist es wichtig, zunächst die Begrifflichkeiten „Ethik" und „Moral" zu beschreiben, um uns vor Augen zu führen, wie wir diese Begriffe in unserer Sprache benutzen.

▶   Ethik ist die Wissenschaft von der Moral. Moral wiederum ist das
     Regelwerk für menschliches Verhalten.

In seiner deskriptiven Form beschreibt und untersucht die Moral historische Handlungen des Menschen auf seine Konsequenzen und reflektiert diese Handlungen in einem Kontext der unbedingten Allgemeingültigkeit wiederum bezogen auf das menschliche Handeln. In seiner normativen Form hat sie die Ausprägung dieser Handlungsregeln unter sozialen, politischen, kulturellen, anthropologischen und anderen Parameter zum Ziel.

Hübner schreibt: „Unter einer Moral versteht man ein Normensystem, dessen Gegenstand menschliches Verhalten ist und das einen Anspruch auf unbedingte Gültigkeit erhebt" [5].

Um die pharmazeutische Problematik einleitend zu beleuchten und der Frage nachzugehen, warum wir uns nicht nur in der Medizin oder biologischen Wissenschaften, sondern auch beispielsweise in der Offizin-Pharmazie verstärkt mit ethischen Fragen beschäftigen müssen, möchte ich zwei Beispiele aus unserer Apothekenpraxis zeigen.

Fall 1

Fr. S., eine ältere Patientin (85), litt schon lange an Demenz und versorgte sich selbst, obwohl sich mit zunehmenden Alter immer stärker negative Krankheitssymptome, besonders im kognitiven Bereich, realisierten. Zudem war ihr Ehemann verstorben, der ihr ein hilfreicher Partner war. Somit musste Fr. S. nun allein ihr Leben organisieren. Die letzte Verwandte, die noch hilfreich zur Seite stand, zog in ein anderes Bundesland und stand fortan auch nicht mehr zur Verfügung. Fr. S. selbst sah ihre Situation als stabil und lehnte jede externe Hilfe ab. Nach einiger Zeit trat die Arztpraxis an uns heran und bat um unsere Hilfe, da verschiedene medizinische Parameter immer wieder aus dem therapeutischen Rahmen liefen und es zu befürchten stand, dass die Patientin ihre Tabletten nicht richtig einnehmen würde. Ich suchte die alte Dame im Rahmen eines Hausbesuches auf und entdeckte ein wild zusammengestelltes Medikamenten-Dosierdöschen. Auf die Frage, ob sie alle Medikamente regelmäßig einnehmen würde, bejahte sie dies. Auf die weitere Frage, ob wir ihr vielleicht dabei helfen zu können, wehrte sie zunächst ab. Nun sprachen wir mit der Arztpraxis und boten an, ihr als Apotheke die Medikamente für die Woche in einem Multi-Dose-Blister vorzustellen, der verschweißt ist und an dem die Einnahmezeiten sehr gut sichtbar sind. Somit könnte nachvollzogen werden, ob die Patientin ihre Medikamente regelmäßig einnimmt. Wir konnten Fr. S überzeugen, sich diesem System anzuschließen. Einige Wochen funktionierte dieses Arrangement sehr gut. Da wir den Blister jede Woche zur Patientin brachten, konnten wir anhand der alten Blister prüfen, ob die Tabletten genommen wurden oder nicht. So entdeckten wir, dass immer wieder Medikamente im Blister zurückblieben. Es kam der Verdacht auf, dass Fr. S. zunehmend schlechter zeitlich orientiert sein könnte. Auf die Nachfrage, welcher Wochentag sei, konnte sie keine klare Antwort geben. Somit wurde dieses System also auch fragwürdig, denn die Voraussetzung ist, dass der Patient wenigstens Tag und Uhrzeit kennt und danach Medikamente aus dem Blister entnehmen und einnehmen kann. Als Fazit haben wir mit Zustimmung der Patientin die Behandlungspflege einschließlich der Medikamentengabe durch einen Pflegedienst organisiert, der dann täglich regelmäßig bei ihr vorbeischaute.

In dieser Situation stellen sich folgende ethisch-moralische Fragen innerhalb des moralischen Dilemmas[1]:

1. Hat Fr. S. eine selbstbestimmte Entscheidung im Sinne des „informed consent" (informierte Zustimmung) als selbstverwirklichende Entscheidung getroffen?
2. Wieweit hat die durch die Demenz beeinträchtigte Kognition die Entscheidungen beeinflusst? Waren Fr. S. die Inhalte und Konsequenzen ihres Handelns bewusst?
3. Wäre ein proxy consent (stellvertretende Zustimmung) durch eine dritte Person möglich gewesen und hätte dies etwas verändert?
4. Besteht die Gefahr des überfürsorglichen Handelns und der Manipulation von Helfern aufgrund der Vulnerabilität von Fr. S. in ihrer erkrankten Situation?
5. Wurde auf die persönlichen Wünsche Rücksicht genommen im Sinne der situativen Zufriedenheit (natürlicher Wille [6])?
6. Haben wir als Apotheker für unsere Entscheidung genügend abgewogen, welches die richtige Entscheidung ist?
7. Gibt es eine „richtige" Entscheidung?

Fall 2

Eine Patientin (71), Fr. P., ist in psychiatrischer Betreuung mit einer Persönlichkeitsstörung und Zwangshandlungen. Sie wird schon eine Zeitlang von uns mit Medikamenten versorgt. Es ist bis dahin schon bekannt, das Fr. P. zum einen zwanghaft an bestimmten Herstellermarken für Medikamente festhält, was es in Zeiten von Rabattverträgen der Krankenkassen[2] nicht leicht macht, sie nicht nur verordnungskonform, sondern auch noch in möglichst großer Übereinstimmung mit ihren Wünschen und Vorstellungen zu versorgen. Zum anderen ändert sie bei ihren Medikamenten oft auch willkürlich die Dosierung.

---

[1]Ein moralisches Dilemma besteht immer dort, wo die Antwort auf eine besondere Situation im moralischen Sinne nicht klar ist oder wo mehrere Antwortmöglichkeiten bestehen.

[2]**Rabattvertrag:** Die gesetzlichen Krankenkassen schließen bei Präparaten, die als Generikum (Nachahmerpräparat) auf dem Markt verfügbar sind, mit den für sie günstigsten Anbietern Verträge über Rabatte ab (daher Rabattverträge). Wir als Apotheker sind verpflichtet, unabhängig davon, was auf dem Rezept für eine Firma verordnet wurde, dieses gegen ein gleiches Präparat der Firmen auszutauschen, die uns die Krankenkassen durch den Rabattvertrag vorschreiben. Tun wir das nicht, erstattet uns die Kasse die Kosten für das Präparat nicht oder nur teilweise. Wir Apotheker können bei pharmazeutischen Bedenken eine Substituierung im Sinne der Patienten begründet ablehnen.

Eines Tages erscheint Fr. P. wieder mit einem Rezept in der Apotheke, auf dem Amitryptilin, ein Neuroleptikum, einer bestimmten Firma verordnet ist. Die Patientin besteht auf diesem Präparat (Aut-idem-Kreuz ist gesetzt)[3]. Leider ist das verordnete und gewünschte Präparat dieser Firma nicht lieferbar, hingegen das mit derselben Stärke einer anderen Firma oder ein schwächeres Präparat der ersten, ursprünglichen Firma. Die Situation gebot uns, Rücksprache mit der behandelnden Psychiaterin zu nehmen, die aufgrund der Erkrankung von Fr. P. aus therapeutischen Gründen auf dem verordneten Präparat bzgl. der Dosierung bestand und dann einen anderen Hersteller empfahl, da die gedankliche Fixierung von Fr. P auf den ersten Hersteller durch die Erkrankung verursacht sei. Fr. P. lehnte diese möglichen Alternativen ab und bestand auf der schwächeren Dosierung des zweiten Präparates. Diesem Wunsch kamen wir nicht nach und verwiesen auf die klare Aussage der behandelnden Ärztin. Fr. P. verließ darauf die Apotheke und kehrte nicht wieder zurück. Sie schrieb uns einige Zeit später einen Brief, indem sie einen Vertrauensbruch als Begründung angab und weiterhin argumentierte, dass sowohl die Krankenkasse als auch eine andere Apotheke ihr die schwächere Dosierung abgegeben hätten.

In dieser Situation stellen sich folgende ethisch-moralische Fragen im moralischen Dilemma:

1. Hat Fr. P. eine selbstbestimmte Entscheidung im Sinne des „informed consent" (informierte Zustimmung) als selbstverwirklichende Entscheidung getroffen?
2. In wieweit hat die psychische Erkrankung von Fr. P. die Urteilsfähigkeit und damit die Entscheidungen beeinflusst?
3. Waren ihr die Inhalte und Konsequenzen ihres Handelns bewusst?
4. Wurde auf die persönlichen Wünsche Rücksicht genommen im Sinne der situativen Zufriedenheit (stimmigkeitsbegründete vs. evidenzbegründete Selbstbestimmung [7])?
5. Welche Konsequenzen hätte das für Fr. P.?
6. Haben wir als Apotheker für unsere Entscheidung genügend abgewogen, welches die richtige Entscheidung ist?
7. Was ist die „richtige" Entscheidung?

---

[3]**Aut idem Ausschluss:** Auf den Rezepten für die gesetzlichen Krankenkassen befinden sich Markierungen, in denen der Arzt durch ein Kreuz den Austausch (aut idem, s. o.) ausschließen kann. Dieser Verzicht auf die Substituierung muss aber in der Regel begründet werden.

Hier wird deutlich, dass wir als Pharmazeuten täglich Fragen moralischer Entscheidungen bedenken, diskutieren, ausführen und vor allem auch verantworten müssen, welche über die gezeigten Beispiele weit hinausgehen.

Historisch lässt sich erkennen, dass die moralische Bewertung pharmazeutischen Handelns, sei es aus der kaufmännischen oder aus der heilkundlichen Perspektive, schon über die vergangenen Jahrhunderte relevant war. Beispielsweise sind allein die Verkaufsvorgänge im Sinne des kaufmännischen Verhaltens des Apothekers in der öffentlichen Apotheke moralisch zu bewertende Vorgänge, die schon Aristoteles [8] und Immanuel Kant [9] beschäftigt haben.

Auch zu den eigentlichen pharmazeutischen Fragen wurde in der Vergangenheit aus gegebenem Anlass schon Stellung genommen. Zum Umgang mit Rauschdrogen und anderen Rauschmitteln schreibt Immanuel Kant:

„Im Zustand der Betrunkenheit ist der Mensch nur wie ein Tier, nicht als Mensch zu behandeln. [...] Daß sich in einem solchen Zustand zu versetzen, Verletzung einer Pflicht wider sich selbst sei, fällt von selbst in die Augen. Die erste dieser Erniedrigungen, selbst unter die tierische Natur, wird gewöhnlich durch gegorene Getränke, aber auch durch andere betäubende Mittel, als den **Mohnsaft** und andere Produkte des Gewächsreichs, bewirkt, [...]

[...] schädlich aber dadurch, dass nachher Niedergeschlagenheit und Schwäche und, was das Schlimmste ist, Notwendigkeit, dieses **Betäubungsmittel** zu wiederholen, ja wohl gar damit zu steigern, eingeführt wird [...]" [10].

Schon diese sehr treffenden Beispiele zeigen, dass nicht nur in den vergangenen Jahrhunderten über moralisches Verhalten als Menschen, sondern eben auch als Fachleute diskutiert wurde. Und in unserer heutigen Zeit ist diese Diskussion nicht weniger, sondern eher umso mehr nötig. Die Skandale um onkologische Medikamente in den letzten Jahren belegen eindeutig, dass Pharmazeuten sehr wohl auch unmoralisch im Sinne schädigenden Verhaltens handeln können.

Dieses *essential* soll Gedankenanstöße liefern und Hinweise sowie Hintergründe für mögliche Begründungen und Handlungen aufzeigen. Es soll die Notwendigkeit begründen, auch als Pharmazeuten sich viel stärker mit der moralischen Bewertung seines Handelns zu beschäftigen und es soll die Anregung geben, diese Gedanken auch verstärkt im Kollegenkreis zu diskutieren und weiterzuvermitteln und den akademischen Nachwuchs in diese Gedanken im Rahmen der universitären Ausbildung mit einzuschließen. Und es soll somit in klassischer mäeutischer Weise dazu dienen, durch Reflexion und eigenes Nachdenken die moralischen Grundsätze richtigen fachlichen Handelns zu erkennen und dann auch umzusetzen. Ethisches Verhalten in der pharmazeutischen Industrie und in der Forschung hat dieses *essential* nicht zum Inhalt, wenngleich wichtige moralische Grundlagen auch übertragbar sind auf Fragen aus diesen Sachgebieten.

Grundlagen einer pharmazeutischen Ethik

2

Will man in einen pharmazeutischen Handlungs-Kanon mehr ethische respektive moralische Gedanken einbringen, muss man sich zunächst mit einigen grundlegenden ethischen bzw. moralischen Gedanken auseinandersetzen, um später herauszufinden, welche Gedanken für die Diskussion hilfreich sein könnten. Da das Gebiet der praktischen Philosophie bzw. der Ethik, sehr umfangreiche Denkmodelle enthält, die hier nicht alle dargelegt werden können, sollen nachfolgend drei grundlegende Ideen verwendet werden, die grundsätzlich mit Ethik verbunden werden. Es handelt sich dabei um die Tugendethik, die Deontologie und den Utilitarismus (Teleologie). Diese drei Denkmodelle werden nur in groben Zügen und in ihren wichtigsten Punkten vorgestellt, um dem Leser eine Hilfe und Einführung zu sein, die wesentlichen Fragen verstehen zu können.

2.1 Tugendethik

Die Denkschule der Tugendethik beruft sich auf antike Philosophen aus dem 3. und 4. Jahrhundert vor Christus, wie Platon und seinen Schüler Aristoteles. Hintergrund ist die Beantwortung der allgegenwärtigen und auch heute noch relevanten Fragen:

- Wie will ich leben?
- Sowie – herrührend aus der Annahme, dass wir ein gutes, ein glückseliges Leben wollen: Was ist das gute Leben, was Glückseligkeit?
- Gibt es Annahmen und Eigenschaften, deren Einhaltung bzw. Erfüllung uns quasi automatisch zu einem guten Leben führen können?

© Springer Fachmedien Wiesbaden GmbH, ein Teil von Springer Nature 2019
R. Heide, *Ethik in der Apotheke*, essentials,
https://doi.org/10.1007/978-3-658-26484-0_2

- Hier in dieser Arbeit meinen diese Fragen natürlich immer zusätzlich den fachlichen Aspekt, d. h. es muss die Formulierung dahin gehend erweitert werden, wie das gute Leben im Sinne unserer fachlichen Arbeit aussieht?

So kann es beispielsweise das Streben nach Geld und Reichtum nicht sein – können doch nach Aristoteles Geld und Reichtum kein terminales Lebensziel sein, sondern nur Mittel zum Zweck. Das lustvolle Leben als Ziel wird von Aristoteles abgelehnt, da dies animalische Eigenschaften sind, die uns vom Tier nicht unterscheiden würden.

Aristoteles in der „Nikomachischen Ethik":

> „Die kaufmännische Lebensform hat etwas Gewaltsames an sich, und offensichtlich ist der Reichtum nicht das gesuchte Gute. Denn er ist nur als Mittel zu anderen Zwecken zu gebrauchen" [8].

Aristoteles und Platon sind als diejenigen griechischen Philosophen bekannt, die sich zentral dem Tugend-Begriff gewidmet haben. Tugenden sind menschliche Eigenschaften, die es möglich machen, als guter Mensch zu leben und sich anderen Menschen so – gut – gegenüber zu verhalten. Es sind im Grundsatz die vier Grundtugenden: Gerechtigkeit, Besonnenheit, Tapferkeit und Weisheit. Die Gerechtigkeit wird dabei als die edelste, am meisten vollendete Tugend von Aristoteles in der „Nikomachischen Ethik" beschrieben [8]. Diese Grundtugenden stehen neben bzw. über vielen anderen Tugenden, die man in dianoetische Tugenden oder Verstandestugenden (Wissenschaft, Klugheit, Vernunft usw.) und den ethischen Tugenden, die im sozialen Diskurs der Gesellschaft entstehen.

Betrachtet man nun diese Tugenden, wird man in der allgemeinen Aussage viele Punkte finden, die sich ebenso in die fachliche tugendhafte Handlung und Haltung des Pharmazeuten übertragen lässt. Gerechtigkeit beispielsweise wird vom Pharmazeuten jeden Tag benötigt, wenn es um Fragen der Verteilung von Medikamenten geht, die vielleicht momentan nicht ausreichend lieferbar sind. Auch besonnenes Denken und Handeln im Sinne von „klugem" Handeln wird täglich von uns abverlangt. Diese Tugenden stellen in ihrer Vielzahl durchaus einen Rahmen dar, um moralisches Verhalten zu interpretieren und anzustreben. Diese aristotelische Tugendethik zeichnet aber mit den Tugenden oft nur ein partikularistisches und normatives Bild der Moral. Mithin ein sehr individuelles Bild, aus dem keine grundlegende Prinzipienmoral im normativen Sinne abgeleitet werden kann.

2.2   Deontologie oder Pflichtenethik

Deontologie beschreibt eine moralphilosophische Denkweise, die sich an der Handlung an sich orientiert. Deontologie orientiert sich weder an der Motivation für eine Handlung noch an der Konsequenz aus einer Handlung[1]. Die Motivation für eine Handlung kann man eher dem tugendethischen Bereich zuordnen, die Konsequenz einer Handlung findet man eher im utilitaristischen Denken. Deontologie hat die Universalisierbarkeit, also die Verallgemeinerbarkeit von Handlungsintentionen und Handlungen zum Ziel. Als großer Protagonist dieser Denkschule gilt Immanuel Kant. Vernunft ist für Kant ein leitendes Prinzip bei der Beurteilung von Handlungs-maximen. Die Vernunft ist der maßgebliche Teil für die Bestimmung unseres Willens, der wiederum als Maxime das Handeln lenkt. Eine Grundannahme der Deontologie ist folgende Überlegung: „Es ist unmoralisch, in bestimmter Weise zu handeln, wenn es verheerend wäre, dass jeder so handelte. Es ist unmoralisch, in einer Form zu agieren, die voraussetzt, dass die anderen nicht so agieren" [5]. Es sei daher an dieser Stelle sowohl der kategorische als auch der praktische Imperativ von Kant zitiert:

> „Der **kategorische Imperativ** ist also nur ein einziger und zwar dieser: handle nur nach derjenigen Maxime, durch die du zugleich wollen kannst, dass sie ein allgemeines Gesetz werde" [9].

Und in der Zuspitzung der Formulierung:

> „[...] handle so, als ob die Maxime deiner Handlung durch deinen Willen zum allgemeinen **Naturgesetz** werden sollte".

Daraus leitet Kant später den praktischen Imperativ ab. Einleitend sagt Kant:

> „Nun sage ich: der Mensch und überhaupt jedes **vernünftige** Wesen existiert als Zweck an sich selbst, nicht bloß als Mittel zum beliebigen Gebrauch für dies oder jenen Willen, sondern muß in allen seinen sowohl auf sich selbst, als auch auf andere vernünftige Wesen gerichteten Handlungen jederzeit zugleich als Zweck betrachtet werden".

---

[1]„[...] eine Handlung aus Pflicht hat ihren moralischen Wert **nicht** in der Absicht, welche dadurch erreicht werden soll [...]" [9].

und weiter:

> „**Der praktische Imperativ** wird also folgender sein: Handle so, daß du die
> Menschheit sowohl in Deiner Person, als in der Person eines andern jederzeit
> zugleich als Zweck, niemals bloß als Mittel brauchst".

> „Genauer besteht eine Maxime in einer Handlungsregel, der man bei einem kon-
> kreten Akt folgt, und legt damit den allgemeinen Handlungstyp fest, unter den eine
> einzelne Handlung fällt und aus dem sich ein moralischer Wert ergibt: [...]" [5].

Die deontologische Denkweise folgt also dem Gedanken des Tuns mit der Inten-
tion des gerechten oder richtigen Tuns vor dem des guten Tuns. Die Frage des
guten Tuns wäre dann tatsächlich unter dem Gesichtspunkt der utilitaristischen
oder auch konsequentialistischen Denkweise zu betrachten. Die Begründung ist
die Ableitung des guten Tuns aus dem richtigen oder gerechten Tun.

Beurteilen wir nun unsere moralischen Entscheidungsmöglichkeiten hier
als Pharmazeuten und prüfen dies am folgendem Beispiel: etwa an der Frage,
ob Psychopharmaka Mittel zum Freiheitsentzug sind [11]. Ausgehend von dem
Gedanken, dass der Arzt den Patienten kurativ und therapeutisch behandeln
möchte, so ist für die Erstellung der Maxime, nach dem sich sein (des Arztes)
Handeln richten soll, die pflichtgemäße Handlung nur Gutes zu tun nötig. Es
geht ausschließlich darum, durch(!) die Handlung des Heilenden die Lebensum-
stände des Patienten zu verbessern: Es ist seine Pflicht. Aber es gibt Grenzen,
z. B. wenn die Nebenwirkungen in der moralischen Bewertung bezüglich der
Situation des Patienten amoralisch werden könnten, also die Persönlichkeit des
Patienten über ein moralisch gebotenes Maß hinaus beeinträchtigen würden. Es
sollte keine Rolle spielen, ob die eingesetzten Präparate neben den gewünschten
Wirkungen auch mögliche Nebenwirkungen zeigen (z. B. sedierende). Einzig
die *vernünftige* Idee der Behandlung aus Pflicht-Bewusstsein mit dem Ziel, dem
Patienten in einer medizinisch indizierten Situation helfen zu wollen, ist hier-
bei entscheidend und wird zur Handlungsmaxime – mit den oben beschriebenen
moralisch gebotenen Grenzen der Behandlung.

Die Idee der „Therapie um jeden Preis" ist moralisch ebenso verwerflich z. B.
bei nicht tolerierbaren Nebenwirkungen oder gegen den Willen des Patienten und
kann keine Maxime sein oder werden, ignoriert sie doch dann allgemein gültige
moralische Prinzipien ebenso, wie das im Fall der Unterlassung einer vielleicht
erforderlichen Therapie auch wäre. Die Anwendung von Psychopharmaka zur
vorsätzlichen Sedierung stellt eine illegitime und damit unmoralische Handlung dar, die nicht vernunftgeleitet ist, sondern triebgeleitet. D. h. diese Handlung bringt den Behandelnden in eine Schuldsituation gegenüber dem Patienten.

Schuld wird hier als Vorwerfbarkeit einer „bösen", unlauteren Handlung verstanden, obwohl eine „gute" Handlung als Option zur Verfügung gestanden hätte (s. [12]). Die Folge wird damit immer eine belastete, unangemessene und unvollständige Behandlungssituation sein, wenn man hier überhaupt noch das Wort „Behandlung" benutzen kann und nicht besser nur von „Handlung" sprechen müsste. Es zeigt sich also auch hier, dass die maßgebliche Entscheidung ausschließlich der behandelnde Arzt treffen kann, denn nur er ist gemeinsam mit dem Patienten der Akteur. Natürlich ist die kooperative und diskursive Abstimmung der Therapie des Arztes ein herausragendes Ziel, ist doch der Arzt in der Regel nicht derjenige, der die Patienten ständig und intensiv beobachten kann. Nur das betreuende Pflegepersonal oder die betreuenden Pflegepersonen sind dazu in der Lage und also ist der Arzt zwingend gehalten, in seine Entscheidungen auch die Informationen der Pflegenden einfließen zu lassen, um dadurch eine effiziente Therapie zu erzielen. Betreuer können die Rolle des Patienten durchaus einnehmen, wenn es um kognitiv beeinträchtigte Patienten (proxy consent) geht. Aber Pflege und Gericht etc. sind in diesen moralischen Entscheidungsprozess hier nicht direkt eingebunden.

2.3 Utilitarismus und Teleologie

Die Grundidee des utilitaristischen Denkens entspringt dem Gedanken der Teleologie also dem Gedanken des Zweckes (von gr. Teleos = Zweck). Es geht bei diesem Gedankenspiel um die Bewertung von Handlungen des Menschen, die auf seine Konsequenz (Konsequentialismus) ausgerichtet sind. Utilitarismus (von lat. utilitas = Nutzen, Vorteil) wiederum schränkt seine Handlungsbegründungen auf die Nutzenoptimierung einer oder mehrerer Handlungen ein. Dieses utilitaristische Denken scheint wie gemacht für die moralische Bewertung von gesundheitsrelevanten Fragen, da in der Regel die Wiederherstellung eine konkrete Nutzenoptimierung das Ziel vieler gesundheitsrelevanter Aktivitäten gegenüber erkrankten Personen ist. Auch die gesundheitspolitischen Fragen, beispielsweise der Verteilungsgerechtigkeit, können teleologisch beantwortet werden.

Gleichzeitig treten aber auch erhebliche Argumentationsprobleme auf, die der utilitaristischen Betrachtungsweise das Problem bringen, allgemeingültige Aussagen nur treffen zu können, wenn bestimmte Vorgaben gemacht und berücksichtigt werden. Dies wiederum schränkt aber eben die Universalität der utilitaristischen oder teleologischen Aussagen als normative Aussagen erheblich ein, da sie dadurch ihre grundsätzliche Universalität verlieren können. Ein weiteres Problem stellt beim Utilitarismus mit seiner Forderung nach der Maximierung des Gesamtnutzens die Frage dar, in wieweit damit nicht auch Abwehrrechte einzelner beschnitten und verletzt werden. Zwei Beispiele aus dem Gesundheitsbereich soll das beleuchten.

> **Wichtig** Wie ist beispielsweise die Situation zu bewerten, wenn ein Arzt einen Patienten tötet, um mit den entnommenen Organen zehn andere Patienten zu retten?
> Oder wenn wir als Pharmazeuten im Fall der wiederkehrenden Lieferengpässe ein Präparat zwei Patienten geben, die es jeweils in der halben Dosierung benötigen, anstatt einem Patienten, der von der vollen Dosis gesund würde? (Trolley-Dilemma [5]).

Dies führt zwar zu einer Verbesserung der Nutzensumme, aber zulasten der Anspruchsrechte anderer beteiligter Personen. Der **Akt- oder Handlungs-Utilitarismus** zeigen genau das Problem auf, dass aus einer einzelnen Aktion u. U. keine allgemeingültigen Handlungsvorgaben getroffen werden können, ohne anderen Personen zu schaden. Im Unterschied dazu hat der **Regel-Utilitarismus** den Anspruch, die Richtigkeit einer Handlung dann zu behaupten, wenn die **allgemeine** Befolgung der einzelnen Regeln einen Gesamtnutzen generiert. Damit stellt sich der Regel-Utilitarismus aber wiederum eigentlich als **deontologische Denkweise** dar, die ja die Befolgung allgemeiner gerechter Handlungen erfordert und daraus einen Nutzen für die Allgemeinheit erzielt, ohne aber von der Zielsetzung her zu argumentieren, sondern von der Handlung an sich.

Auch wenn heute viele sozialpolitische Regelungen im Gesundheitssektor utilitaristisch begründet scheinen, bleiben Fragen der Verteilungsgerechtigkeit und der allgemein gültigen normativen Handlungsvorgaben oft ungeklärt. Die Fragen der Verteilungsgerechtigkeit lassen sich aber auch nicht abschließend klären, da soziale und politische sowie individuelle Faktoren einem ständigen Wandel unterliegen und das System immer wieder neu justiert werden muss. Hier greift als normative Möglichkeit am ehesten eine deontologische Bewertung im Sinne der Diskursethik von Jürgen Habermas [2], welche die Allgemeingültigkeit der normativen Aussage nicht aus einem Postulat wie dem kategorische Imperativ zieht, sondern begründungstheoretische und diskursive Ansätze dafür heranzieht.

2.4 Vulnerabilität und Personalität

Betrachtet man den Begriff „Vulnerabilität" (lat. Vulnus = die Wunde), interessiert hier nur der biografisch und biologisch bedingte Vulnerabilitätsbegriff bzw. die durch eine pathologische Situation verursachte individuelle Vulnerabilität oder Verletzlichkeit. Die Diskussion über diesen Begriff im bio-ethischen Umfeld ist noch relativ jung. Die meisten bisher diskutierten Fragen zu Vulnerabilität im bio-ethischen Kontext haben einen soziologischen oder psychologischen Hintergrund (z. B. bei Judith Butler [13]). Ungeachtet dessen sind dieser Begriff und die damit verbundenen Beschreibung gerade auch in diesem Kontext der Gesundheits- und Pflegewirtschaft von enormer Wichtigkeit. Beauchamp und Childress definieren in ihrem Buch, dass „vulnerable Personen im biomedizinischen Kontext unfähig sind, sich selbst zu schützen in Bezug auf Krankheit, Schwächung, geistige Erkrankungen, Entwicklungsverzögerung, geistige Beeinträchtigung und ähnliche" [14].

Die Patienten und Kunden, die täglich in die Apotheke kommen, sind in der Regel mehr oder weniger vulnerable Menschen – ihre Widerstandsfähigkeit (Resilienz) ist angegriffen; sie sind damit verletzlich geworden – eben vulnerabel. Dies trifft umso mehr auf Patienten zu, die bedingt durch Alter oder Krankheit sogar in ihrer Autonomie beeinträchtigt sein können. Personen, die z. B. Hilfe durch andere zwingend benötigen, sind in hohem Grade vulnerabel und bedürfen unserer besonderen Aufmerksamkeit. Daher beschreibt der Begriff Vulnerabilität nicht nur die Verletzlichkeit, Schwäche oder Hilfsbedürftigkeit eines Menschen, sondern der Begriff geht einher mit der Frage, wie der vulnerable Mensch selbst und seine Umgebung auf diese Verletzlichkeit reagieren und damit umgehen. Wird die eigene Vulnerabilität erkannt, wird sie als Ausgangspunkt für eine Hilfeleistung gesehen? Oder ist der vulnerable Mensch nicht in der Lage, seine eigene Verletzlichkeit zu erkennen? Ist dann im Sinne des Fürsorgeprinzips auch zu handeln, wenn der vulnerable Mensch diese Hilfe nicht will oder sogar bewusst ablehnt? Sowie die weitere Frage, inwiefern der vulnerable Mensch **grundsätzlich** autonom handeln kann?

Unter der Voraussetzung, dass die eigene Vulnerabilität erkannt wird, ist autonomes, selbstverantwortliches Agieren möglich. Im Fall der unerkannten oder nicht wahrgenommenen eigenen Vulnerabilität wird autonomes Handeln nicht mehr oder nur sehr eingeschränkt möglich sein, da ja Konsequentialismus als Ergebnis des eigenen Handelns nicht mehr möglich ist. Dies wäre eine Situation, die den eigenen Zustand negiert oder zumindest in der Wahrnehmung verfälscht. Die Problematik sehen wir jeden Tag in der Apotheke, bei Menschen die aus unterschiedlichsten Gründen Medikamente benötigen und die Bedeutung dieser Medikamente für die eigene Situation oft nicht richtig einschätzen – können. Als Beispiel sei hier der Verkauf von freiverkäuflichen Schmerzmitteln genannt, da sowohl die Einschätzung von Schmerz und dessen Ursachen selbstreflektierend sehr schwierig ist und die Einschätzung, welches Präparat hilfreich sein könnte, selbst bei bester Beratung nicht wirklich adäquat sein kann.

Vulnerabilität stellt sich also in großem Maße als ein Problem der eigenen Erkenntnis, der „self perception", aber eben auch als soziales Problem in der zwischenmenschlichen Interaktion dar, da selbst kognitiv beeinträchtigte Menschen ihren bestehenden vulnerablen Zustand immer wieder anders beschreiben werden gegenüber sich selbst, aber auch gegenüber sie betreuenden oder pflegenden Personen. Für die Bewertung moralischer Probleme ist es allerdings von entscheidender Wichtigkeit, die selbstzugewiesene Vulnerabilität als Problem und Diskursgrundlage anzunehmen. Nur dann wird der betroffene Mensch zum Zweck der Diskussion. Nehmen wir die von außen herangetragene oder attestierte Vulnerabilität als Basis, so droht immer die Gefahr, den Menschen nur als Mittel zum Zweck der Beeinflussung des vulnerablen Zustandes zu sehen (im Sinne Kant: Praktischer Imperativ [9]) und das wäre dann durchaus eine unmoralische Herangehensweise.

Autonomie, Selbstbestimmung und Selbstverwirklichung

3

Das Wort „Autonomie" leitet sich aus dem griechischen Wort von *autos* = *selbst* und *nomos* = *Gesetz* her und beschreibt einen Zustand der Selbstständigkeit, Eigenständigkeit. Als Wort in unserer Sprache wird „Autonomie" erst durch unseren Gebrauch mit Bedeutung gefüllt (s. [15] und [16]). Wenn es um die Selbstbestimmung mit dem Hintergrund unserer pharmazeutischen Fachlichkeit geht, sollte man zusätzlich die Begriffe „Patientenautonomie" und „Patienten-selbstbestimmung" einführen. Um die grundlegende Wichtigkeit dieses Begriffes „Autonomie" zu unterstreichen, ist ein Zitat von Kant sehr hilfreich: "Autonomie ist also der Grund der Würde der menschlichen und jeder vernünftigen Natur" [9] (Abb. 3.1).

Selbstbestimmung ist nicht ohne Autonomie und Autonomie nicht ohne Selbstbestimmung möglich. Beide Begriffe bedingen einander. Selbstbestimmung wird durch Autonomie und die Bewusstheit des eigenen Lebens sowie der Freiheit von äußeren Zwängen und der Freiheit zu eigenem, bestimmten und verantwortetem Tun zur Selbstverwirklichung. Beispielsweise kann ein dementer Patient sehr wohl autonom sein, aber seine Selbstbestimmtheit kann eingeschränkt sein.

„Autonomie" wird im Kontext sozialer Verhältnisse im Alltag oft als Begrifflichkeit im Sinne der Freiheit begriffen, als Entgrenzung von gesellschaftlichen Verhältnissen und Hinterfragung offensichtlicher Möglichkeiten, somit als Basis für Entscheidungen, die wir individuell treffen und auch individuell, aber eben auch sozial, verantworten müssen. Der Begriff „Autonomie" ist in unserer Alltagssprache in vielschichtiger Meinung hinterlegt (z. B. autonomes Fahren im technischen und Autonomiebehörde im politischen Sinne etc.). Dies soll aber an dieser Stelle nicht diskutiert werden. Aber können wir überhaupt autonome Entscheidungen treffen?

© Springer Fachmedien Wiesbaden GmbH, ein Teil von Springer Nature 2019
R. Heide, *Ethik in der Apotheke*, essentials,
https://doi.org/10.1007/978-3-658-26484-0_3

Abb. 3.1 Zusammenhang zwischen Autonomie und Selbstbestimmung sowie Selbstverwirklichung, Darstellung des Autors

Entscheidungen zu treffen heißt, vorher Informationen zu sammeln, zu werten und daraus entsprechende Schlüsse und Konsequenzen zu ziehen und daraus individuell verfügbares Wissen zu generieren. Das tut jedes Lebewesen als biologische Einheit, die dies ausführen kann und kognitiv dazu in der Lage ist. Und so ist es natürlich auch das evolutionäre Erbe des Menschen, ständig Entscheidungen zu treffen. Wir als Menschen haben, um die stetig ansteigende Flut an Informationen in einer zunehmend fragmentierten und unverstandenen Welt zu verwalten, Vertrauen als eine wesentliche psychische und neurokognitive Eigenschaft „eingeführt", um die Komplexizität für Entscheidungen moderieren zu können [17]. Da diese Informationen im sozialen Kontext aber wiederum von anderen Personen erzeugt worden sind und mit diesen Informationen in entsprechender Weise umgegangen worden ist bzw. umgegangen wird, beeinflusst dieser Findungsprozess autonomes Verhalten dahin gehend, als er eben sozial eingebettet ist. Reine autonome Entscheidungen entstehen nur in Situationen, wo man als Individuum allein einer entsprechenden Entscheidungssituation gegenüber steht, z. B. in der Natur. Sobald innerhalb eines sozialen Prozesses Entscheidungen zu treffen sind, werden diese niemals autonom getroffen.

Für die Diskussion ist es daher wichtig, noch einmal hervorzuheben, dass eine absolute Autonomie von Objekten und Subjekten niemals existiert. Die autonome Handlung wird hier aus einer sozialen Sichtweise heraus definiert, also im Rahmen menschlicher Interaktion. D. h. auch der Patient mit einer demenziellen Erkrankung trifft seine Entscheidungen genauso wie alle Personen um ihn herum – getragen von persönlichem Wissen und sozialen Einflüssen. Wie erfasst man nun Autonomie bzw. was sind grundlegende Faktoren für autonome Entscheidungen? Dies sind nach Franziska Krause [18] „erstens das **Recht** auf Selbstbestimmung, das heißt die **Freiheit von psychologischen und physischen Zwängen** und zweitens, die Fähigkeit, sich nach dem Kriterium der Reflexion selbst zu bestimmen. Autonomie ist die Basis, von anderen und von sich selbst nicht als Mittel zum Zweck, sondern als eine mündige Person der Gesellschaft betrachtet zu werden, die eigene Ziele verfolgt und somit auch die Hoheit über ihre (moralischen) Entscheidungen inne hält".

Weiter folgend stellt sich die Frage, was beeinflusst die Entscheidung des Patienten? Für eine kompetente Entscheidung des Patienten muss ihm Kenntnis zur Verfügung stehen, welches der Situation gerecht und verständlich ist. Zusätzlich wird die Entscheidung auch durch Faktoren beeinflusst, die sich nach Krause z. B. aus *„unbewussten Wirkungen und Zwängen ergeben"* [18]. Wie beeinflussen beispielsweise Schmerzen oder hoher Blutdruck eine Entscheidung? Häufig ist die Entscheidung ja nur zwischen dem Wunsch nach der Behandlung oder nicht zu treffen. Doch selbst für diese einfache Ja-nein-Entscheidung ist der mutmaßliche Wille des Patienten entscheidend. *„Denn was letztlich Selbstbestimmung im medizinischen Kontext erfüllen muss, um als autonom zu gelten, bleibt umstritten und setzt auch immer zugleich die Folgefrage an, welche Menschen überhaupt die Anforderungen an idealisierte Autonomieverständisse erfüllen würden"* [18]. Da es sich bei medizinischen Entscheidungen um keine Heuristik, also Erkenntnisweg im naturwissenschaftlichen Sinne handelt, müssen andere Faktoren neben Wissen noch eine wichtige Rolle spielen. Das Vertrauen des Patienten zum Arzt spielt dabei eine erhebliche Rolle, nicht nur für die Adhärenz/Compliance im weiteren Therapieprozess sondern auch schon im Entscheidungsprozess. Je weniger die Therapie sicher oder gewiss für den Patienten ist oder scheinen mag, umso größer ist das Vertrauen in die Entscheidung des Arztes, des Therapeuten oder Apothekers. Es wird also klar, dass die Entscheidung eines Patienten, zumal eines vielleicht kognitiv beeinträchtigten Patienten von vielen Faktoren abhängt, bei denen letztlich nicht klar ist, wie die konkrete und persönliche Entscheidung ausfallen wird.

Oft mag diese Entscheidung auch für den Außenstehenden unverständlich sein.

„[…] Wie bewertet man Situationen, in denen offensichtlich kompetente Menschen irrationale Entscheidungen treffen? […]" Krause [18].

Nach Pantel et al. stellen sich weiterhin im Kontext der Autonomiediskussion folgende Fragen:

„Wie bestimmt sich das Wohl des Patienten und wer bestimmt es? Welche Möglichkeiten zur Selbstbestimmheit werde dem Patienten verweigert, wo verläuft der schmale Grat zwischen Fürsorglichkeit und Zwang? Wer rechtfertigt die Beschränkungen des Entscheidungs- und Handlungsspielraums des Patienten?" [19, S. 166 ff.].

Im vorgenannten Text haben wir die Möglichkeit des Generierens von Kenntnissen oder Informationen in dieser speziellen Situation diskutiert. Die Frage des Umgangs und der Bewertung mit diesen Kenntnissen in solch einer Situation ist nur im diskursiven Rahmen zu lösen, um die jeweilige, patientenindividuelle Autonomie zu erfahren und dann ausführen zu können. Um den Begriff Selbstbestimmung weiter zu differenzieren und um zu zeigen, welche Probleme bei der Bewertung selbstbestimmten Handelns und moralischen Handelns auftreten können, kann man sich der beiden Formen der **evidenzbasierten** oder **wertebezogenen** Selbstbestimmung und der **stimmigkeitsbasierten** oder **erlebnisbezogenen** Selbstbestimmung nach Ronald Dworkin bedienen.

Evidenzbasierte Selbstbestimmung ist gekennzeichnet durch eine hohe eigene Vorstellung zur Lebensplanung und zur Selbstverwirklichung („Würde"). In diesem Kontext werden in der Regel die Patientenverfügungen für Situationen verfasst, die unvorstellbar und dennoch von den Prä-Patienten geplant werden wollen, um über eine zukünftige Situation die Kontrolle behalten zu können. Die stimmigkeitsbasierte/erlerbnisbezogene Selbstbestimmung rekurriert sich aus einer spontanen IST-Situation und zeigt ein momentanes Verhalten bzw. einen momentanen, eben stimmungsabhängigen Wunsch. Man definiert dies heute oft auch als den **„natürlichen Willen"** [6], dessen Interpretation sich im Kontext von Patientenverfügungen oftmals schwierig gestaltet, da wie im Folgenden diese beiden Entscheidungswege oft konträr verlaufen. Problematisch wird die Situation, wenn evidenzbasierte/wertebezogene Entscheidungen gegen stimmigkeitsbasierte/erlebnisbezogene Entscheidungen stehen oder noch klarer, wenn die selbstbestimmte Entscheidung gegen eine moralische Entscheidung steht und nur eine der beiden möglich und zulässig ist. Abgeleitet vom Beispiel „Margo" einer fiktiven Figur aus der Diskussion von Dworkin [7], soll dies hier an einem weiteren Beispiel aus der Ärztezeitung verdeutlicht werden.

Beispiel

Die 81-jährige Frau O. leidet seit vier Jahren an einer Alzheimer-Demenz. Inzwischen ist die Erkrankung so weit fortgeschritten, dass sich die frühere Staatsanwältin kaum mehr sprachlich ausdrücken kann, bei allen Verrichtungen des täglichen Lebens Hilfe benötigt und auch ihre engsten Angehörigen zumeist nicht mehr erkennt.

Frau O. lebt in einer Pflegeeinrichtung für Demenzkranke und wird dort liebevoll betreut. Sie wirkt nach übereinstimmender Einschätzung aller Pfleger und Besucher überwiegend glücklich und lebensfroh, sieht sich mit ihrer Bezugsschwester gerne alte Fotos an, freut sich an Musik und genießt es, Kuchen mit Sahne zu essen.

Als sie eines Tages wegen einer Pneumonie ins örtliche Krankenhaus eingewiesen wird, legt ihr Sohn als gesetzlicher Betreuer eine Patientenverfügung vor, in der die Patientin noch ein Jahr vor Ausbruch der Erkrankung schrieb: „Wenn ich aufgrund einer unheilbaren Hirnabbauerkrankung (z. B. Demenz) nicht mehr in der Lage bin, meine nächsten Angehörigen zu erkennen, lehne ich lebenserhaltende Therapiemaßnahmen jeder Art ab". Mit Verweis auf diese Verfügung lehnt der Sohn eine Antibiotikagabe als lebenserhaltende Maßnahme ab. Die ebenfalls als Betreuerin fungierende Tochter fordert jedoch eine antibiotische Therapie und begründet dies damit, dass ihre Mutter ja offensichtlich gerne lebe und leben wolle. Soll Frau O. antibiotisch behandelt werden oder nicht? [6].

Weiterhin kann man als Bewertungsmaßstab nach Jaworska [20] die Differenzierung in **wertbezogene Interessen (critical interests), schwach wertbezogene Interessen (capacity of values)** und **erlebensbezogene Interessen (experiental interests)** heranziehen. Dies ist eine detailliertere Aufgliederung des Konzeptes von Dworkin und macht somit auch eine feinere Bewertung von Entscheidungsdilemmata im oben genannten Sinne möglich. Dabei ist grundsätzlich zu unterscheiden, dass ein Patient mit wertbezogenen Interessen eben aus seinen eigenen, individuellen Wertvorstellungen Entscheidungen für die Zukunft trifft. Im Gegensatz steht kognitiv eingeschränkten Patienten oftmals nur noch eine Entscheidung nach erlebensbezogenen Interessen (experiental interests) zur Verfügung, die dann in der Bewertung einer Entscheidung von außen einen anderen Stellenwert einnehmen. Die Begrifflichkeit „Selbstbestimmung" soll an dieser Stelle kurz beschrieben werden, da Selbstbestimmung oder eben auch Selbstverwirklichung ganz maßgeblich vom Wissen der Person beeinflusst ist. Selbstbestimmung beschreibt autonomes, freies Entscheiden im Sinne einer zukünftigen Lebensplanung.

„Denn was letztlich Selbstbestimmung im medizinischen Kontext erfüllen muss, um als autonom zu gelten, bleibt umstritten und setzt auch immer zugleich die Folgefrage an, welche Menschen überhaupt die Anforderungen an idealisiertes Autonomieverständnis erfüllen würden" [18].

Dies sind nach Krause [18]

„erstens das **Recht** auf Selbstbestimmung, das heißt die Freiheit von psychologischen und physischen Zwängen und zweitens, die **Fähigkeit,** sich nach dem Kriterium der Reflexion selbst zu bestimmen. Autonomie ist die Basis, von anderen und von sich selbst nicht – im Sinne Kants- als Mittel zum Zweck, sondern als eine mündige Person der Gesellschaft betrachtet zu werden, die eigene Ziele verfolgt und somit auch die Hoheit über ihre (moralischen) Entscheidungen innehält".

Krankheitsverständnis

4

Ein ganz wesentlicher Begriff, der im Verständnis der ethischen Diskussion im Gesundheitsbereich evident ist, bezeichnet das Wort „Krankheit". Es sei schon an dieser Stelle zur Vertiefung auf die Publikation „Krankheitstheorien" [21] verwiesen, die sich sehr umfänglich den diversen Themen und Diskussionen widmet. Der Wort „Krankheit" ist eine Hülle, die ganz nach Wittgenstein [15] erst durch unseren Umgang damit seine begriffliche Bedeutung erlangt. Und mit dieser Beschreibung, die von vielen sich ändernden Faktoren abhängt und durch uns Menschen erzeugt wird, wird die Bedeutung vieler ethischer Begriffe ebenfalls stets in einem sich ändernden Bild gesehen werden müssen.

Allein die Unterscheidungen zwischen dem Begriff „Krankheit" (disease) als biologische und pathologische Funktionsbeschreibung, „Erkrankung" (illness) als ontologische und epistemologische Konzeption und „krank sein" (be sick) bzw. „sich krank fühlen", als individuelle und soziale Konzeption zeigen die unterschiedlichen Sichtweisen. Man kann auch die Unterscheidung zwischen Krankheitskonzeptionen und dem Krankheitsbegriff heranziehen, wobei die Konzeption die Interpretation oder die Ausdeutung der Struktur bezeichnet. Beispielsweise kann man erkrankt sein, ohne sich krank zu fühlen (z. B. bei Diabetes) oder die Frage: Ist Kurzsichtigkeit oder Lispeln eine Krankheit oder nur eine Ausprägung unseres menschlichen Seins? Wann definieren wir uns selbst als krank? „Bei dem Begriff der Krankheit handelt es sich um einen Versuch, Konstellationen von Anzeichen und Symptomen zu korrelieren, um sie zu erklären, vorherzusagen und zu beherrschen.

Dieses Unternehmen hat gewisse Tücken, wie etwa die Versuchung, Krankheiten zu vergegenständlichen oder als starre, unveränderliche Typen mit spezifischen Ätiologien zu behandeln" [21] – beispielsweise durch die Einteilung in

© Springer Fachmedien Wiesbaden GmbH, ein Teil von Springer Nature 2019
R. Heide, *Ethik in der Apotheke,* essentials,
https://doi.org/10.1007/978-3-658-26484-0_4

den ICD 10 Codes. Christopher Boorse hat ebendort die statistisch geprägte Definition geprägt, nach der „Krankheit […] die Menge jener Zustände" ist, „die von
der vorherrschenden Kultur als schmerzhaft oder behindernd beurteilt werden
und zugleich entweder von der statistischen Norm oder von einem Idealzustand
abweichen […]. Das Ideal selbst wiederum leitet sich teilweise von der statistischen Norm her und teilweise von den Abnormen, das als besonders wünschens-
wert gilt" – oder auch nicht (Anm. d. Autor). Damit beschreibt Boorse nicht nur
die durch das statistische Mittel bedingte Definition von Gesundheit oder Krankheit („normale Funktionalität" im Sinne biologischer Funktionalität), sondern
auch die sozialen und individuellen Einflussmöglichkeiten.

Wie wir als Pharmazeuten den kranken Patienten in der Apotheke erleben,
hängt sehr stark mit der Beschreibung zusammen, dass „Der Krankheitsbegriff
[…] nicht der Pathologie entsprungen" ist, „sondern dem Leiden" [21]. Denn die
Darstellung des Patienten in der Apotheke geschieht fast immer im pathologischen
Kontext durch das individuell dargestellte Leiden, sei es banal oder tatsächlich
schwerwiegend. Unsere Beratung im fachlichen und empathischen Sinne ist ganz
wesentlich durch unseren Eindruck und unsere Verarbeitung des Leidenseindruck
des vor uns stehenden Patienten bestimmt und beeinflusst. Da wir Pharmazeuten
keine Ärzte sind, fehlt uns oft für die fachliche Beratung der persönlich-patho-
logische Hintergrund der Menschen, die vor uns stehen – eine Anamnese –,
sodass wir oftmals nur diese aus dem Leiden heraus entstandene Darstellung des
betroffenen Menschen haben. Dieser Eindruck ist indes jedoch sehr situativ und
individuell geprägt und gibt uns nicht ausreichend Möglichkeit, die Situation
vollständig zu erfassen. Nichtsdestotrotz muss uns diese so skizzierte Situation
genügen, um dennoch mit fachlich-professionellen UND empathischen Auftreten
den Patienten zu helfen und sie beraten zu können.

Grundlagen der Bioethik 5

Um die im vorangegangenen Kapitel beschriebene Situation bewältigen zu können, ist es hilfreich, sich einige Grundzüge der Medizin- und Bioethik vor Augen zu führen. Das Thema Medizin- und Bioethik wurde und wird in der Vergangenheit in der Literatur schon sehr umfänglich diskutiert. Leider fehlt noch die weiterführende Umsetzung in den pharmazeutischen Bereich. Deshalb möchte ich hier ein paar Gedanken skizzieren, die uns als Pharmazeuten auch die Möglichkeit geben sollen, ethisch oder moralisch schwierige Situationen zu bedenken und dann die möglichst richtige Entscheidung zu treffen.

Vorgestellt werden hier kurz die Ausführungen von Tom L. Beauchamp und James F. Childress, zwei amerikanischen Philosophen an der Georgetown University Washington, die sich sehr ausführlich mit diesem Thema beschäftigt haben und vier Prämissen für die Medizinethik aufgestellt haben, die sich auch auf die Pharmazie übertragen lassen. Man nennt diese Prämissen nach der Universität, an der Beauchamp und Childress arbeiten bzw. gearbeitet haben „Georgetown Mantra". Stark verkürzt lassen sich diese wie folgt wiedergeben [14]:

- Selbstbestimmungsrecht des Patienten *(respect for autonomy)*
- Prinzip der Schadensvermeidung *(non-maleficence)*
- Patientenwohl *(beneficence)*
- Soziale Gerechtigkeit *(justice)*

Diese schlaglichtartigen Ideen können kaum alle Gedanken reflektieren. Dennoch stellen sie eine Möglichkeit dar, in der täglichen Arbeit einen Rahmen zu geben, an dem man sich orientieren kann und der zum Nachdenken anregen soll. Die Inhalte der einzelnen Punkte wurden an verschiedenen Stellen dieses Buches schon diskutiert.

© Springer Fachmedien Wiesbaden GmbH, ein Teil von Springer Nature 2019   25
R. Heide, *Ethik in der Apotheke,* essentials,
https://doi.org/10.1007/978-3-658-26484-0_5

Vertrauen und Wissen 6

6.1 Einführung

Das Verhältnis des Patienten zum Arzt und Apotheker ist ein wesentlicher Baustein unseres sozialen Gesundheitssystems. In den letzten Jahren stellen sowohl Apotheker als auch Ärzte eine zunehmende Diskrepanz in der diskursiven und kommunikativen Struktur mit den Patienten fest. Woher kommt diese Diskrepanz und wie kann, wie soll man damit umgehen? Gibt es neurologische Repräsentationen, die eine Basis für eine philosophische Bewertung sein können? Stehen Wissen und Vertrauen vielleicht in einem gegensätzlichen Verhältnis? Gibt es gar Wissen nur ohne Vertrauen und Vertrauen nur ohne Wissen? Diese Fragen sollen im Folgenden diskutiert werden.

6.2 Vertrauen

Was ist Vertrauen? Dem Begriff „Vertrauen" kann man sich auf vielerlei Weise nähern. Seit einigen Jahren gibt es neurobiologische Forschungen, die nach einem naturwissenschaftlich, also neurologisch fassbaren Korrelat des Gefühls „Vertrauen" suchen. Können wir „Vertrauen" als naturwissenschaftlich-ontologische Entität erkennen? Reicht das für die Erklärung von „Vertrauen" aus? Oder sollte bzw. muss man nicht vielmehr darüber hinaus u. a. auch psychologische, soziale, sprachphilosophische, rechtsphilosophische und/oder moralische etc. Überlegungen anstrengen? Vertrauen lässt sich einerseits neurobiologisch als regulative Hirnfunktion im dorsalem Striatum (Nucleus caudatus) lokalisieren. In dieser Studie von King-Casas et al. [22] wurde herausgefunden, dass in einem

Vertrauens-Spiel, diese Hirnregionen während der vertrauensbildenden Entscheidungsphasen neurologisch aktiv waren. Der Schluss, den man daraus ziehen kann, scheint offensichtlich. Wir haben als Menschen eine biologisch-neurologische Struktur evolutionär „entwickelt", die für unsere soziale Entwicklung innerhalb der Evolution offensichtlich nötig war und ist. Diese biologische Interpretation lässt dann aber immer noch individuell und überindividuell eine psychologisch-philosophische-soziologische Sichtweise und Interpretation nötig erscheinen. Die Beurteilung nach „Sympathie" als Voraussetzung für Vertrauen ist offensichtlich ein ontogenetisch tief eingeschriebenes Beurteilungs- und Verhaltensmuster, mit dem wir in die Lage versetzt werden, zwischen und mit Menschen zu interagieren. Sympathie ist also eine biologisch-fixierte Verhaltensbasis für Vertrauen.

Der Begriff des „Ur-Vertrauens" als das Gefühl des „Sich-Verlassen-Dürfen" in einer gesunden Persönlichkeit nach Erikson [23] scheint ebenso in diesem Sinne zu belegen, dass man Vertrauen als eine ethologische Grundausstattung im Sinne eines naiven Atavismus mitbringt, wenn man das Licht der Welt erblickt. Wie kann man nun noch Vertrauen außer als neuronale oder ethologische Reaktion begreifen bzw. beschreiben? Vertrauen ist eine Eigenschaft – wenn wir sie z. B. soziologisch und psychologisch betrachten – die uns in der Interaktion mit anderen Menschen eine Handlungsbasis finden lässt, auf der wir hoffen, nicht enttäuscht zu werden. Vertrauen bedingt soziale Beziehungen, also mindestens zwei Akteure im Unterschied zum Selbstvertrauen. Enttäuschung ist eine physische Reaktion auf eine erwartete oder erwartbare, aber nicht eingetretene Handlung oder Aussage. Vertrautheit entsteht durch „vertraut werden", ist also eine prozedurale Eigenschaft, deren Qualitäten sich erst zeitlich im Kontext eines Lernprozesses in historischer Abfolge entwickelt.

In dem Buch „Der kleine Prinz" [24] wird das sehr schön beschrieben: Diese Idee des „akkumulierten Vertrauens", das durch unsere Fähigkeit entsteht, Verhaltensreaktionen zu bewerten, zu speichern und zu vergleichen und mit diesem individuellen Erfahrungswissen Vertrauen für uns begründen zu können, findet sich beispielsweise auch schon bei Hume [25]. Niklas Luhmann [17] beschreibt Vertrauen als eine Eigenschaft, die in die Zukunft gerichtet ist und ob ihrer Unbestimmtheit ein „Problem der riskanten Vorleistung" darstellt, somit dem Vertrauensgeber eine Vulnerabilität zuerkennt. Der Nutzen aus dieser riskanten Vorleistung ist nach Luhmann, eine „Form der Reduktion sozialer Komplexizität", ohne die ein gemeinsames soziales Leben unmöglich wäre. Ganz utilitaristisch, also zweck- und nutzenorientiert (Maximal-Nutzen) zeigt Deutsch [26] Vertrauen in der Bestimmung durch drei wesentliche Eigenschaften:

a) die Steigerung der eigenen Verwundbarkeit,
b) erfolgt gegenüber Akteuren, die nicht der persönlichen Kontrolle unterliegen und
c) ist in Situationen von Bedeutung, in denen der Schaden, den man möglicherweise erleidet, größer ist als der Nutzen, den man aus dem Verhalten ziehen kann.

Diese Beschreibung von „sozialem" Vertrauen unterscheidet sich von Selbstvertrauen, dass allein individuell zu beschreiben ist. Allerdings ist Selbstvertrauen eine wesentliche Voraussetzung für die Vertrauensgewährung. Menschen mit hohem Selbstvertrauen schaffen es leichter, aus Vertrauen heraus enttäuschte Erwartungen zu tolerieren und trotzdem weiterhin in bestimmten Situationen Vertrauen gewähren zu können. Die soziologische Interpretation hat häufig hingegen bei der Definition dieses Begriffes den politisch-sozialen-ökonomischen Raum als Grundlage, der hier in der Diskussion keine Rolle spielen wird, da es sich um interindividuelle Prozesse handelt.

Für den medizinischen Kontext scheint es daher angebrachter mit dem „Rollen-Vertrauen" Sztompkas [27] zu argumentieren, unabhängig diverser Diskussionen zu dieser Begrifflichkeit. Dieser Begriff „Rollen-Vertrauen" führt direkt zu dem i. d. R. bilateralen (im klinischen Kontext auch multilateralen) Kommunikationsrahmen zwischen Arzt bzw. medizinisch Tätigen und Patient. Der Vorteil dieser Definition „Rollen-Vertrauen" ist die Einbeziehung der Begriffe „Wissen" und „Autonomie". Man kann in der Arzt-Patienten-Beziehung auch von „utilitaristischem" Vertrauen sprechen. In der Konstellation einer ärztlichen Visite ist der Patient mit seinem Krankheitswissen, zwar auch ein wissender und selbstbewusster Mensch, jedoch steht er in einem asymmetrischen Verhältnis zum Arzt, der über Fachwissen verfügt, dass ihn gegenüber dem Patienten zu Handlungen er-**mächtigt.** Der Arzt geriert sich in diesem Szenarium als Experte. Das bedeutet, dass der Patient mit einem Ziel, einem Zweck, nämlich der Heilung seines Leidens den Gesprächskreis betritt. Er wird also utilitaristisch handeln, da er gesund werden möchte. Der Arzt hat dieses(!) Ziel so nicht – seine Aufgabe ist es, gemäß des ärztlichen Kodexes, dem Patient medizinisch zu helfen. Denn neben der Ursachen- und Therapiefindung gilt es für den Arzt moralische Fragen wie Verteilungsgerechtigkeit, Limitierung, Rationierung, Sinnhaftigkeit einer Therapie, Fragen zu Leben und Tod etc. zu beantworten und soziale Fragen (mögliche Pflege, Unterbringungsmaßnahmen etc.) zu beachten.

Da der Arzt nie persönlich betroffen sein wird von der Erkrankung des Patienten, es sei denn er steckt sich bei einer infektiösen Erkrankung an oder erleidet Schaden durch einen psychiatrischen Patienten, um zwei Beispiel zu nennen, sollte die Handlung des Arztes nicht utilitaristisch, sondern besser deontologisch, also moral-philosophisch gesteuert sein.

Im Kontext dieser Begrifflichkeit des „Rollen-Vertrauens" kann man sehr gut die Frage des symmetrischen und asymmetrischen Wissens für die Vertrauensbildung diskutieren. Patient und Arzt bewegen sich meist auf einer asymmetrischen Kommunikationsebene. Man unterstellt, dass der Arzt einfach durch seine Ausbildung und Erfahrung mehr **weiß** als der Patient. Diese Asymmetrie erzwingt aber geradezu das Vertrauen des Patienten. Würde beispielsweise ein fachlich gleichgestellter und ausgebildeter Arzt zu seinem Kollegen gehen, da er erkrankt ist, stellt sich die Frage, warum tut er das?

Die Kommunikationsebene im Wissenskontext ist symmetrisch in diesem Fall – sollte man annehmen. Wüssten beide Ärzte gleich viel und würden das voneinander auch annehmen, würde der erkrankte Arzt nicht (!) zu seinem Kollegen gehen, da er ja genauso wie dieser sich selbst behandeln könnte. Zwischen beiden Ärzten existiert eine Gleichheit des expliziten Wissens. Nur im Falle einer noch so kleinen Wissens-Asymmetrie, also einer Wissensunsicherheit, würde der erkrankte Arzt seinen Kollegen aufsuchen und wäre dann ihm gegenüber in einem asymmetrischen Wissens-Verhältnis. Diese Differenz zwingt ihn, seinem Kollegen zu vertrauen, in der Annahme, dieser wisse besser, wie seine Erkrankung zu therapieren sei. D. h. also, im ersten Fall, der Wissens-Symmetrie ist kein Vertrauen zwischen dem erkrankten Arzt und seinem Kollegen nötig, da im besten Fall der erkrankte Arzt seinen Kollegen nicht mehr aufsuchen müsste, in der Annahme, sich selbst ebenso gut behandeln zu können. Vertrauen wird in dieser Situation durch vorhandenes oder angenommenes explizites Wissen [28] ersetzt.

Vertrauen basiert also auf Annahmen und Meinungen, nicht auf Wissen und gleicht folglich die **Lücke des Wissens** (lack of knowledge) bei asymmetrischen Wissensverhältnissen aus. Es ist für die Diskussion hilfreich, zwischen „geglaubten" Vertrauen und „versachlichtem" Vertrauen zu unterscheiden. Je kleiner die Wissenslücke wird, je größer also das **„versachlichte"** Vertrauen wird, umso kleiner wird das gebrauchte geglaubte Vertrauen [29]. Aus versachlichtem Vertrauen wird dann bei Wissensgleichheit eine symmetrische Beziehung die vertrautes Verhalten und Kommunikation nicht mehr benötigt, da nun Wissen das Vertrauen ersetzt.

6.3   Wissen – eine Einführung

In diesem Abschnitt soll die Begrifflichkeit „Wissen" untersucht werden, um sie dann in das Verhältnis zum Vertrauen zu setzen. Die Frage, warum das entscheidend ist, soll hier kurz beleuchtet werden. In jeder Kommunikation und einer in einem gesundheitlichen Kontext noch viel mehr, ist zum einen entscheidend für die Kommunikationsstruktur, wie der Wissensstand der beteiligten Personen ist – im Unterschied zum vermeintlichen Wissensstand, also z. B. dem Glauben oder den Erfahrungen, ob gerechtfertigt oder nicht. Also z. B. die Frage, haben wir eine symmetrische oder asymmetrische Kommunikation. Zum anderen ist es wichtig zu beschreiben, woher Wissen stammt, wie es erworben wurde, ob es wahres oder unwahres Wissen (s. dort). Und zuletzt ist es die Frage, welche Art Wissen von den Kommunikationspartnern verwendet wird. Ist es extrinsisches Wissen, ist es intrinsisches Wissen, ist es apriori Wissen, ist es aposteri Wissen etc. Nur wenn von vornherein klar ist, auf welcher Art von Wissen oder Wissensbasis eine Kommunikation erfolgen soll, die eine Handlung zu Ziel haben wird, wird die Kommunikation überhaupt eine sinnvolle werden können. Sämtliche anderen Kommunikationsarten laufen immer Gefahr, einen Gesprächspartner nicht zu verstehen, zu indoktrinieren, zu manipulieren oder zu unter- oder überschätzen und anderes mehr [2]. Beispielhaft soll hier eine Situation aus dem medizinischen und pharmazeutischen Alltag dargestellt werden. Ein Patient erhält in der Apotheke ein Medikament, das vom Arzt verordnet wurde. Der Patient lehnt das verschriebene Medikament aber ab mit der Begründung, das Präparat des Herstellers A würde bei ihm Nebenwirkungen verursachen und er benötigte ein Präparat des Herstellers B. Er „weiß" also etwas zu einem Medikament und auf der Basis dieses Wissen versucht er eine Entscheidung zu treffen.

Aber was weiß er wirklich, glaubt er nicht etwas zu wissen? Ist sein Wissen nicht Meinung, Glaube? Die Meinung des Patienten beruht lediglich auf Kenntnis aus einem individuellen Erfahrungshorizont. Gleichzeitig ist die Wirkung jedes Medikamentes, ja jeder Substanz, die wir in unseren Körper bringen, höchst unterschiedlich und nur individuell beschreibbar. Zusätzlich kommen Faktoren wie Vertrauen (s. o.), interindividuelle Meinungsbildung, öffentliche Meinungsbildung, psychologische Persönlichkeitsvoraussetzungen, Alter und Erkrankungen verschiedener Art etc. dazu. Dieser ganze Einfluss auf die Persönlichkeit bewirkt somit eine individuelle Erkenntnis, die aber kein Wissen ist. D. h. die Diskussion und das Gespräch über den Sinn eines Austausches des Präparates A gegen das Präparat B kann nur auf der Basis des Erkenntnishorizontes des individuellen Menschen geführt werden. Die Einführung wirklichen Wissens in diese

Diskussion gelingt nur dann, wenn kognitiv Vernunft in die Gesprächssituation einfließt und in diesem Fall evidenzbasiertes, gerechtfertigtes Wissen (z. B. ebm = evidence based medicine) zur individuellen Erkenntnis und dann erst zu individuellem und weiter zu allgemeinem Wissen wird. Nur dann ist es möglich, auf einer „vernünftigen" Wissensbasis neue Handlungsoptionen zu bedenken, seine Meinung eventuell zu ändern und gegebenenfalls auszuführen.

Zunächst soll eine Erklärung versucht werden, was eigentlich unter „Wissen" zu verstehen ist. Dieser Versuch beschränkt sich auf die Zielstellung dieser Publikation, da es nicht das Ziel ist und es auch nicht möglich ist, hier die außerordentlich vielen Diskussionen zum Thema „Wissen" zu erörtern. Wissen kann man u. a. soziologisch beschreiben oder erkenntnistheoretisch, also philosophisch oder auch sprachphilosophisch, man kann es fachwissenschaftlich als „Expertenwissen" oder als Laienwissen begreifen oder politisch diskutieren. Der konkrete Rahmen, innerhalb derer hier die Debatte geführt wird, ist die Kommunikation zwischen Arzt und Apotheker, also Spezialist oder Experte und Patient, also Laie. Daher wird zunächst mit der Frage begonnen, was man unter „Wissen" als solches in Abgrenzung zu Erkenntnis und Erfahrung versteht, sodann wird die Frage des „Expertenwissen" erläutert und am Schluss die Unterschiede zwischen sozialem und fachlichem Wissen beschrieben.

6.4   Was ist Wissen?

Wenn diese Frage hier diskutiert werden soll, ist am Anfang klarzustellen, dass es nicht um das „Wissen" per se oder den Wissens- bzw. Wortbegriff im linguistischen oder sprachphilosophischen Sinne geht, sondern dass es nur um Wissen geht, dass eine Basis für Handlungen und Entscheidungen darstellt. Die Definition des Begriffes „Wissen" schafft hier eine Grundlage, um damit später zu beleuchten, wie und mit welchen Folgen diskursive Kommunikationen im medizinischen Kontext erfolgen können.

Seit Platon wird in der Philosophie u. a. im Rahmen der Erkenntnistheorie – Epistemologie – diese Frage diskutiert. Das Höhlengleichnis von Platon [30] wird oft als einer der ersten Versuche zur Beschreibung von „Wissen" dargestellt. Diese Darstellung wurde und wird dann allerdings oft in den folgenden Jahrhunderten bestätigt, interpretiert oder widerlegt werden. Ohne auf diese vielen Darstellungen im Einzelnen einzugehen, sollte ein wesentlicher Punkt hier hervorgehoben werden. Der Inhalt der Diskussion, was „Wissen" sei, ist also u. a. zeitabhängig und damit wiederum abhängig, von dem **was** wir wissen, erfahren oder erkannt haben. D. h. also, wir können „Wissen" – auch Erfahrung oder Erkenntnis – nur beschreiben, wenn wir über diese Eigenschaften verfügen. Die Diskussion mit einem heranwachsenden Kind zeigt anschaulich, dass die Debatte über Wissen desselben stark abhängig ist vom Erfahrungs- und Erkenntnisstand des Kindes. Und ebenso ergeht es uns natürlich als Erwachsenen auch.

Damit fokussiert die Debatte über „Wissen" das Problem, etwas beschreiben oder definieren zu wollen, was erst durch das Vorhandensein des zu Definierenden sich überhaupt beschreiben lässt. Mit der Diskussion ist es ein wenig wie mit dem Beispiel von Schrödingers Katze aus der Quantenphysik. Wir wissen erst, was wir für Wissen oder Erkenntnis haben und wie bzw. was wir damit argumentieren können, wenn wir darauf zugreifen müssen. Auch der Zustand der „Schrödinger Katze" realisiert sich erst im Moment des Öffnens der Tür zum Raum mit der Katze. Die vielen unterschiedlichen Herangehensweisen an „Wissen" zeigen die Fragmentierung der Denkansätze. Wenn wir allgemein über Wissen sprechen, gehen wir meist davon aus, über *wahres* Wissen zu sprechen. Aber was ist wahres Wissen? Gibt es unwahres Wissen?

▷　Platon definierte als einer der ersten „Wissen" als wahre, gerechtfertigte Meinung oder auch propositionales Wissen.

Propositionales Wissen (Proposition = Gedanke, Inhalt)

Ein Subjekt S weiß, dass die Proposition, dass p, genau dann ist, wenn

I.　S überzeugt ist, dass p.

II.　Die Proposition, dass p, wahr ist.

III.　S in seiner Überzeugung, dass p, gerechtfertigt ist.

Doch dass dieses nicht ausreichend sein könnte, zeigte der Philosoph Gettier 1963 [31] in einem seiner berühmten Beispiel, in denen z. B. ein Mann beim Vorbeigehen an einer Kirchturmuhr, die zu einer bestimmten Zeit stehen geblieben ist und die er eben zu dieser Zeit passiert, davon ausgeht die richtige Zeit angezeigt zu bekommen. Natürlich IST es zu diesem Zeitpunkt die richtige Zeit, aber das Wissen, das der Mann über die Uhrzeit erworben hat, ist eben nicht wahr, wenngleich gerechtfertigt, da die Uhr ja steht und es ein ZUFALL ist, dass er eben zu dieser Sekunde die Uhr passiert, nach ihr sieht und es tatsächlich die richtige Zeit ist. Auch gerechtfertigtes, aber **zufälliges Wissen** ist eben kein **wahres Wissen** (Gettier). Geiger und Schreyögg [32] sprechen an dieser Stelle von dem Begriff des **unwahren Wissens.** Dort wird treffend unwahres Wissen als bekanntes Wissen definiert, dass sich jedoch „nach systematischer und anerkannter Prüfung" als unwahr herausgestellt hat und deshalb verworfen wurde. Dieses Wissen verbleibt aber meist weiterhin im Wissenskanon. Dieses muss nun unterschieden werden von Erfahrung, Meinung und Kenntnis sowie von wahrem Wissen. Zusätzlich wird hier auch der Begriff des **narrativen Wissens** von Geiger und Schreyögg [32] eingeführt, der die Brücke zwischen wahren Wissen und Meinung schlagen soll. Narratives Wissen wird durch die „Pragmatik seiner Übermittlung" legitimiert und muss in seiner Legitimitaion nicht reflektiert werden. Weiterhin unterscheidet es sich eben vom impliziten Wissen dadurch, dass es sich um mitteilbares, artikulierbares Wissen handelt [33]. Es ist im Gegensatz zu wissenschaftlichem Wissen, dass legitimiert werden muss, durch seine Narration legitimiert, bleibt aber dadurch nicht verallgemeinerbar, sondern persönlich. Da es kein gerecht-fertigtes Wissen ist, steht es in unmittelbarer argumentativer Nähe zu Meinun-gen. In vielen Gesprächen haben die Gesprächsparteien kein Wissen, sondern Erfahrungen, Meinungen oder eben narratives Wissen. Diese stehen aber in einem anderen Verhältnis zu Wissen. Gleichzeitig sind aber Erkenntnisse, Erfahrungen und auch Meinungen Bausteine für tatsächliches Wissen.

Ein weiterer wichtiger Baustein für wahres Wissen ist die Tatsache des **Irr-tums.** Nur wenn wir uns irren und diesen Irrtum auch korrigieren können, gestehen wir tatsächliches wahres Wissen ein, das durch die Rechtfertigung bestätigt oder eben verworfen wird, da wir uns in diesem Fall dann geirrt hät-ten. Diese Eigenschaft grenzt auch sehr gut zu Meinung oder narrativen Wissen ab, die keine Irrtumsmöglichkeit in sich tragen. Gleiches gilt für die Begriffe apriori und aposteri Wissen von Immanuel Kant. **Apriori** ist Wissen, welches von Erfahrung unabhängig ist. Dieses Wissen ist Bedingung oder Ableitung von Erfahrung. **Aposteriori**-Wissen ist Wissen, das auf empirischen Eindrücken bzw. Erfahrung beruht – man kann es daher in vielen Punkten auch mit Erfahrung gleichsetzen, da es nicht die Kriterien für Wissen als wahre gerechtfertigte Mei-nung, mithin propositionales Wissen erfüllt.

Abschließend soll noch ein Wissensbegriff, der für die Wissensdiskussion im kurativen Bereich nützlich ist, neu eingeführt werden – **„proxy knowledge"** oder **Stellvertreter-Wissen,** der als neuer Begriff das Wissen um Personen beschreibt, die selbst nicht oder nicht mehr in der Lage sind, ihren Wissens-stand adäquat zu veröffentlichen – z. B. Kinder, Menschen mit Behinderungen, fehlende Sprachkenntnisse oder Menschen mit kognitiven Beeinträchtigungen (Demenz, Wachkoma etc.). D. h. deren mögliches Wissen muss von einer ande-ren Person, eben dem Stellvertreter, transportiert werden. Damit verbindet sich die Schwierigkeit, dass der Stellvertreter nicht nur das Wissen einer ande-ren Person kennen muss – zumindest partiell –, sondern er muss dieses Wissen von seinem eigenem Wissen und Annahmen trennen und auch noch korrekt transportieren und veröffentlichen. Es darf eben nicht das Wissen des Stellevertreters zur Geltung kommen, sondern es muss das Wissen der Person sein, die den Stellvertreter berufen hat oder berufen bekommen hat. Nur durch aus der Erkenntnis entstandenem Diskurs und der Rechtfertigung entsteht und lebt Wissen, das keine statische Eigenschaft des Menschen oder der menschlichen Gemeinschaft ist.

6.5 Erfahrung

Erfahrungen erleben wir empirisch und phänomenologisch, also a posterior. Wir können kognitiv etwas erfahren, aber auch motorisch, sensorisch oder psychologisch. Diese Erfahrungen sind aber immer individuell; nie verallgemeinerbar. Somit können wir Erfahrungen nicht zu unserem Wissen zählen. Bei einer statistisch validen Rechtfertigung individueller Erfahrung im interindividuellen Vergleich, können jedoch Erkenntnisse aus Erfahrungen durchaus allgemeines Wissen erzeugen. Erfahrung ist ein bewusster oder unbewusster Lernprozess, also eine zeitlich verlaufende Verarbeitung von Eindrücken. Etwas erfahren bedeutet Sinneseindrücke mit unserem Verstand zu verarbeiten. Somit kann aus Erfahrung Kenntnis erwachsen. Man spricht bei Erfahrung und Intuition z. T. auch von intuitivem oder **intrinsischem bzw. implizitem Wissen,** dass mit der einzelnen Person verbunden ist *(personal knowledge).* Dies ist die Erfahrung, von dem wir uns im täglichen Handeln leiten lassen und das wir nicht verbal beschreiben können. Man kann daher implizites Wissen durchaus auch als Können auffassen. Im Unterschied dazu ist dann **extrinsisches oder explizites Wissen** das nach außen verfügbare, kommunizierbare und sozial reproduzierbare Wissen [32].

6.6 Meinung

Meinung ist im Unterschied zum Wissen ein Erkenntnisprozess, der frei von prüfbaren Informationen und Nachvollziehbarkeit von Fakten und Daten sein kann. Meinen ist eben genau **nicht** nachvollziehbares und gerechtfertigtes Wissen dem Grunde nach.

Es ist der Unterschied zwischen „bloßem" Meinen und „wahren" Wissen, der bedeutsam ist. In der Information und Kommunikation ist es nun aber enorm wichtig, sehr genau zwischen „Meinen" und „Wissen" zu unterscheiden.

Unterlässt man diese Unterscheidung, droht die Gefahr, die Kommunikation nicht sachgerecht zu führen, sondern in eine ideologische oder zumindest polemisch-unsachliche Diskussion zu geraten, die keinen wirklichen Erkenntnisgewinn und vor allem auch keine wirklichen Handlungsoptionen zeigen kann. Die Begründung unterscheidet Wissen gegenüber wahrer Meinung und zeichnet sich wiederum durch einen hohen Grad an Stabilität gegenüber Widerlegungen aus [34]. Auch Meinen wird durch die eigene Narration begründet und steht damit in unmittelbarer Nähe zum narrativen Wissen.

6.7 Expertenwissen

Ein Fachmann kann nur sein, wer von anderen zum Fachmann gemacht wird bzw. den Experten als solchen gibt es nicht:

> „Relevant für die Kompetenzansprüche des professionellen Experten ist also nicht, dass er sein tatsächliches Wissen irgendwie glaubhaft macht, sondern dass er es entsprechend den professionell verwalteten Kriterien formal nachweisen kann" [28].

Diese Definition lässt nun also den Schluss zu, dass wir bis auf die formellen Kriterien des Experten nur sehr schwer in einer Gesprächssituation, zumal in einer asymmetrischen, erfahren können, ob der Experte tatsächlich über Fachwissen verfügt. D. h. dann aber auch, dass unser Vertrauen, das wir aufgrund fehlenden Wissens auf die Expertise stützen, nicht nur nicht begründet, sondern auch nicht gerechtfertigt ist. Damit stellt sich dann die Frage, welche Faktoren außer Wissen und/oder Vertrauen unsere Entscheidungen noch beeinflussen könnten? Da solche Faktoren in der Regel nicht bestehen, bleibt eben doch nur selbst bei Vorhandensein von Wissen oder Teilwissen, der Empfehlung einer Expertise zu vertrauen. Die Infragestellung des Expertenwissen als rein formell begründetes Wissen ist aber für die heutige Diskussion im medizinisch-pharmazeutischen Gespräch insoweit relevant, als man zunehmend demokratisierte Gespräche feststellen kann, in denen die Patienten nicht mehr vollständig vertrauen (wollen), sondern durch verschiedenste Möglichkeiten Meinungen und Erfahrungen zu sie betreffenden Themen generiert haben (beispielsweise im Internet) und mit diesem scheinbaren Wissen in ein Gespräch zu einem zumindest erstmal nur formell zugestandenen Experten gehen. Und in dieser Situation ist im Sinne eines Diskurses, der beiden Seiten Erkenntnis bringen soll, das offene Gespräch enorm wichtig. Der medizinische Fachmann (Arzt, Apotheker, Pflegekräfte) hat seine fachliche Sichtweise dem Patienten oder Angehörigen bzw. Betreuer zu erläutern, zu erklären. Er muss zunehmend lernen, der Personalität und den darin existierenden Erfahrungen und Meinungen zu vertrauen und dies in einen Erkenntnis- und Entscheidungsprozess einzubinden. Umgekehrt muss der Patient oder Angehörige oder Betreuer in dieser Gesprächssituation die Fachlichkeit des Experten zulassen, aber auch hinterfragen, um das tatsächliche Fachwissen ans Licht zu bringen und um gleichzeitig seine eigenen Meinungen und Erfahrungen zu prüfen und ggf. zu korrigieren, um auf diesem Weg dann doch vielleicht zu gerechtfertigtem beiderseitigem Wissen zu gelangen. In einer paternalistischen Gesprächssituation wird sich dieser Erkenntnisgewinn für beide Seiten nie erreichen lassen. Nur in einer für beiden Seiten offenen und akzeptierenden wirklich gleichberechtigt diskursiven Gesprächssituation wird sich ein Erkenntnisgewinn und daraus abgeleitet auch moralisch tragfähige Entscheidungen ableiten lassen.

„Die aus der wissenssoziologischen Analyse heraus sich ergebende, handlungstheoretisch spannende Frage ist deshalb: Was muß der Akteur, der darauf abzielt, sich erfolgreich als Experte zu installieren, tun, um Kompetenz-wofür auch immer-attestiert zu bekommen und andere sich als seiner Kompetenz `bedürftig` erkennen zu lassen?" [29].

Um die Komplexizität des Wissens im medizinischen Kontext zu verstehen, soll an dieser Stelle abschließend eine kurze Beschreibung des grundsätzlichen Gedankengebäudes der medizinischen Wissenschaft eingefügt werden. Nach Pieringer und Ebner [35] vereinen sich in der Medizin „immer wieder Apriorismus und Empirismus, bzw. Humanwissenschaft und Naturwissenschaft". Zusätzlich vereint die Medizin folgende methodologischen Zugangsweisen: phänomenologische, empirisch-analytische, hermeneutische und dialektische. D. h., dass auch die Therapie eines Patienten nur im Zusammenspiel mit diesen Zugangsweisen betrachtet und gestaltet werden sollte. Die phänomenologische Methode ist eine ideal-typische Methode, die die vorurteilslose und unmittelbare Wahrnehmung zum Gegenstand hat. Sie impliziert die sogenannte „eidetische Reduktion", die fordert, von allem Theoretischen, Hypothetischen und Deduktiven abzusehen, sowie Traditionen über den Erkenntnisgegenstand zu vernachlässigen, subjektive Betrachtungen zurückzustellen und objektiver Betrachtung den Vorrang zu lassen. Die empirisch-analytische Sichtweise ist heute durch die „evidence based medicine" weit verbreitet und beruht auf der naturwissenschaftlichen Betrachtung der Krankheit, also einer beobachterunabhängigen, objektiven Wissenschaft. Die hermeneutische Sichtweise ist als älteste Betrachtungsweise der Medizin um Verständnis, Auslegung, Interpretation und Vermittlung von

Sachverhalten bemüht. Die dialektische Methode ist schon seit Sokrates eine Methode, um im Dialog These und Antithese zu diskutieren und dialogisch den Kern eines Sachverhaltes offen zu legen.

6.8   Kommunikation

Vertrauen und Wissen – Bedeutung für die pharmazeutische Kommunikation
Nach den vorherigen Kapiteln, die sich mit den Definitionen und Sichtweisen zu Vertrauen und Wissen auseinandergesetzt haben, geht es in diesem Kapitel um die Konsequenzen und Handlungsoptionen. Wie diskutieren wir, mit welcher Einstellung stellen wir uns einem Gespräch? Das Gespräch, das hier thematisiert werden soll, ist das Gespräch zwischen Arzt bzw. Apotheker und Patient oder betreuenden Personen. Es ist sehr wichtig, schon hier genau zu unterscheiden zwischen der Situation, in der der Patient selber mit dem Arzt kommunizieren kann oder ob das eine betreuende Person tut, sei es ein Familienangehöriger oder ein Berufsbetreuer. Im ersten Fall können wir theoretisch annehmen, dass der Patient im Sinne seiner persönlich-informierten Zustimmung (informed consent) handelt. Im zweiten Fall muss man von der stellvertretend-informierten Zustimmung (proxy consent) ausgehen, was eine völlig andere Ausgangsvoraussetzung darstellt.

Als Beispiel möchte ich hier doch den Fall von „Margo" noch einmal direkt zur Diskussion heranziehen. „Margo" ist eine reale Figur, die von Dworkin [7] in seinem Buch beschrieben wird (s. auch [6]). Im **ersten Szenarium** hat sich Margo vielleicht selbst mit der Situation auseinandergesetzt und besucht ihren behandelnden Arzt oder wird von diesem aufgesucht, um sich dort beraten und therapieren zu lassen. Wir schreiben ihr daher an dieser Stelle eine Informiertheit im Sinne des informed consent zu. Der Arzt wird ihr aufgrund seines Fachwissens möglicherweise Medikamente verschreiben, die den Krankheitsverlauf aufhalten oder zumindest positiv beeinflussen sollen.

Er versucht sie als Experte sowohl fachlich als auch als Mensch zu sehen und empfiehlt ihr neben der Therapie der Demenz vielleicht deshalb eine Patientenverfügung. Selbstbestimmung heißt immer auch Selbstverwirklichung und so hat Margo ihrer Lebensplanung folgend, diese Patientenverfügung unterzeichnet. Ihre Patientenverfügung enthält nur schlicht die Aussage, da Margo Leid und langes Sterben fürchtet, dass sie keine Medikamente erhalten will, die bei einer akuten Erkrankung ihr Leben verlängern. Sie möchte also in solch einer Situation lieber eher sterben, als eine mögliche schwere Krankheitsepisode mit ebenfalls dem

Tod als finalem Abschluss zu erleben. Ihre Angst in dieser Situation, u. U. weit vor einem Lebensende, ist also offensichtlich nicht der Tod, sondern vielmehr ein möglicherweise schweres und qualvolles Sterben. Wichtig ist an dieser Stelle aber schon die Fokussierung auf die Unterscheidung einer akuten, nicht demenziellen Erkrankung und der demenziellen Grunderkrankung, die diese mögliche Entscheidungen gravierend beeinflussen kann – diese Diskrepanz besteht nämlich in der Patientenverfügung von Margo.

„[…] (in the event that she got Alzheimer's) she should not receive treatment for any other serious, life-threatening disease she might contract"[1].

Margo hat in diesem Moment kein Wissen über die Zukunft; sie hat Vorstellungen, die aus Meinungen und Erfahrungen generiert werden und die sie in die Zukunft extrapoliert. Da Margo sowohl zum einen zu wenig über ihre Erkrankung und deren Verlauf sowie mögliche zusätzliche Erkrankungen und deren Therapie **weiß** (sie ist ja eben kein medizinischer Experte und selbst der wüsste es nicht genau), muss sie der Aussage des Arztes und seinen Empfehlungen **vertrauen**. In der Kommunikation mit dem Arzt und in späteren Gesprächen mit anderen Menschen wird sie für sich selbst dieses Vertrauen zunehmend als ihr persönliches Wissen definieren. Denn nur mit diesem vermeintlichen Wissen, wird es ihr gelingen, ihre Entscheidungen vor sich selbst rechtfertigen zu können. Würde man an dieser Stelle unterstellen, Margo's Wissen sei tatsächliches Wissen, müsste man davon ausgehen, dass dieses Wissen immer wieder geprüft und notfalls korrigiert oder widerrufen werden müsste gemäß des Rechtfertigungsrundsatzes für Wissen. Dies wird Margo aufgrund ihrer demenziellen Erkrankung aber allein aus kognitiven Gründen nicht gelingen, ganz zu schweigen davon, dass ihr ja weiterhin zu wenig fachliches Wissen zu Verfügung steht oder sie natürlich auch aus psychologischen Gründen an einer stabilen, historischen Wissensdefinition festhalten wird, um sich nicht selbst ständig infrage zu stellen. Also wird **Vertrauen** ein außerordentlich starker Marker für Margo's Entscheidungen sein und bleiben.

Um später eine Entscheidung pro oder kontra Patientenverfügung und dessen Konsequenzen treffen zu können, ist an diesem Punkt zu fragen, ob Margo tatsächlich eine selbstbestimmte Patientenverfügung ausgestellt hat oder ob das dem Grunde nach gar nicht gelingen kann, da sie nicht auf der Basis des informed consent sondern auf der Basis eines **trusted consent/vertrauende Zustimmung,**

---

[1]Übersetzung: „… im (Fall, sie hat Alzheimer) sollte sie keine Behandlung bekommen für jede andere ernsthafte, lebensbedrohliche Erkrankung, die sie sich zuziehen könnte" [7].

also einer Zustimmung auf Vertrauensbasis Entscheidungen trifft oder getroffen hat. In diesem kommunikativen Diskurs zwischen Margo und dem behandelndem Arzt ist nun zu betrachten, welches Vertrauen oder Wissen bringt der Arzt in diese Situation außer seinem Fachwissen ein. Was weiß er von Margo? Wie vertraut er ihr? Unter der Annahme, der Arzt kennt Margo nur als Patientin, so wird er die biografische Margo lediglich als Narrativ erfahren, als ihre Erzählung. Diese Kenntnis, die er dabei erlangt, ist ebenfalls kein Wissen, sondern Erfahrung und Meinung. Er erfährt etwas über die Person „Margo" aus der Perspektive von Margo. Das ist eine subjektive Sichtweise, die es quasi unmöglich macht, tatsächliches Wissen über Margo zu erlangen. Die Erzählung Margos wird geprägt sein von ihrer eigenen persönlichen Ausdrucksweise, die erheblich vom ärztlichen Fachidiom abweichen wird und zusätzlich psychisch oder sogar psycho-pathologisch beeinflusste Sichtweisen enthält. Somit realisiert sich hier die in diesen Fällen fast ausschließlich vorliegende Asymmetrie im ärztlichen Diskurs. Es bleibt also die Frage, wie eine Entscheidung Margo's aus dieser diskursiven und narrativen Situation zu bewerten ist.

Im **zweiten Szenario** wird oder wurde Margo von einem Familienmitglied oder Betreuer begleitet. Neben Margo und dem Arzt existieren aber möglicherweise weitere Personen, die sowohl an der Entscheidungsfindung als auch an daraus abzuleitenden Handlungen beteiligt sind. Das sind z. B. Angehörige oder Betreuer sowie die Pflegekräfte oder der Pharmazeut. Diese Personengruppen haben in Bezug auf die Entscheidungen nur beratende Kompetenzen und müssen den therapeutischen Plan bis zum Patienten umsetzen. Lediglich den letzten Schritt, nämlich die Einnahme der Medikamente ist ein Schritt, den Margo unabhängig ihres kognitiven Zustandes immer selbst verantworten und realisieren könnte, sollte keine Zwangsmaßnahme durchgeführt werden müssen. Welche Funktion können die beschriebenen Personen im Sinne der proxy consent für Margo ausüben? Diese Personen sollen als kommunikative Vermittler im Sinne Margos agieren. Aber können sie das auch? Angehörige und Betreuer haben wie Margo selbst in der Regel keinen fachlichen Hintergrund und wir können die Situation für diese Personen wie für Margo selbst (s. o.) beschreiben. Dazu kommt hier die Vermittlung der gesprochenen Information an Margo. Da man die Kommunikation in diesem Dreiecksverhältnis sehen muss, haben wir nicht nur Sachinformation sondern auch Gefühle und Empfindungen auf der Beziehungsebene und als ICH-Botschaften oder auch Appelle, die besonders von Angehörigen in die Diskussion mit einfließen (z. B. auch wohlmeinender Zwang). Die vermittelnden Personen müssen nun nicht nur die erhaltene Information mit den Wünschen und der Selbstbestimmung bzw. Selbstverwirklichung von Margo als Person in Einklang bringen, sondern auch gemeinsam mit Margo die Therapiemöglichkeit abwägen und umsetzen. Also ist im Rahmen des proxy consent dies eine wesentliche größere Herausforderung, da sowohl Sach- als aber auch sämtliche anderen Kommunikationsinhalte bedacht sein sollten.

„In der Medizin fällt die Abgrenzung der förderlichen von den manipulierenden Beziehungen besonders schwer, da Krankheit vertraute Verhältnisse umkehrt, die Identität von Menschen verändert, Biographien mit Brüchen versieht und soziale Rollen neu definiert" [29].

Ethik in der Pharmazie – Zusammenfassung

Die vorgenannten Kapitel haben gezeigt, warum wir eine Ethik in der Pharmazie brauchen und was sie beinhalten sollte. Leider verfügen die Pharmazeuten nicht über ein solch prominentes ethisches Regelwerk wie die Mediziner mit dem „Hippokratischen Eid". Jedoch gab es in den vergangenen Jahrhunderten immer wieder den Versuch, vergleichend mit diesem Regelwerk ein entsprechendes pharmazeutisches Regelwerk zu etablieren. Das ist bis heute in dieser Deutlichkeit und Bekanntheit nicht gelungen. Es gibt z. B. den Eid der Internationalen Pharmazeutischen Gesellschaft (FIP) [36]. Dieser ist eine gute Grundlage, aber in Fachkreisen weitgehend unbekannt und ersetzt nicht die zusätzliche ethische Diskussion.

> „Die Umfrage hat auch gezeigt, dass die wenigen offiziellen Dokumente und Richtlinien den Apothekern größtenteils unbekannt sind." (aus „Gibt es eine pharmazeutische Ethik?" [3].

Welche wichtigen Punkte kann man zusammenfassend in solch eine pharmazeutische Ethik einfließen lassen, die dabei auf dem Vorgesagten beruhen und dieses ergänzen, da doch allgemeine fachlich-ethische Konzepte in diesem Eid nur im Punkt 1–3 angerissen werden?

Neben den Zielen des pharmazeutischen Eides der FIP und den bioethischen Grundregeln nach Beauchamp und Childress [14] sind folgende Bereiche wichtig, sollten diskutiert werden und werden von mir im Folgenden kurz beleuchtet.

© Springer Fachmedien Wiesbaden GmbH, ein Teil von Springer Nature 2019
R. Heide, *Ethik in der Apotheke,* essentials,
https://doi.org/10.1007/978-3-658-26484-0_7

7.1 Pharmaceutical Care/Pharmazeutische Betreuung

Unter diesem Punkt werden Handlungen und Denkweisen zusammengefasst, die zentral pharmazeutische Grundlagen haben und zielführend auf die Anwendung zum Nutzen des Patienten ausgerichtet sind. D. h. hier ist alleiniges Ziel die Verbesserung der Situation einer gesundheitlich beeinträchtigen Person oder zumindest die Möglichkeit, der vulnerablen, beeinträchtigten Person ein würdiges Leben zu ermöglichen mit all seinen Fragen zur Autonomie und Selbstbestimmung. Dies alles geschieht in einem multidisziplinären Kontext, also in bester Zusammenarbeit mit den Ärzten oder anderen Heilberufsgruppen und Pflegekräften. D. h. sämtliche pharmazeutischen Regelwerke und Handlungen, Gesetzestexte und Vorschriften dienen nur einem einzigen Ziel, nämlich der Hilfe des Patienten. Somit werden alle diese Dinge nur Mittel sein, um den Zweck der Hilfe erfüllen zu können und niemals Zweck an sich. Gleichzeitig ist die höchste fachliche Kompetenz die Grundlage für dieses pharmazeutische Handeln.

Pharmazeutische Betreuung geht von einem Grundsatz aus, den Patienten optimal zu betreuen und gleichzeitig auch die ökonomischen Vorgaben unseres Gesundheitssystems zu berücksichtigen. Diese Konflikte, die aus diesem ökonomischen und heilberuflichen Handeln entstehen, sind so zu lösen, dass unsere moralischen Ansprüche an das pharmazeutische Handeln gegenüber dem Patienten so wenig wie möglich beeinträchtigt werden. Vermeiden lassen sich diese Konflikte nicht und es ist auch vernünftig, den Patienten in die Begründungen dieser Konflikte mit einzubeziehen, soweit dieser dazu auch in der Lage ist. Die amerikanische pharmazeutische Gesellschaft (APhA) definiert zusätzlich die bekannten Vorgaben: Gesundheit zu fördern, Krankheiten zu vermeiden und medikamentöse Therapien zu optimieren, zu sichern und effektiv im Sinne des Patienten zu gestalten. Weiter wird als zentrales Ziel die Optimierung der mit Gesundheit verbundenen Fragen der Lebensqualität angesehen. Dies lässt sich nach der APhA durch folgende Punkte erreichen:

- Eine professionelle Beziehung zwischen Apotheker und Patient muss etabliert und gepflegt werden.
- Patienten-spezifische medizinische Informationen müssen gesammelt, organisiert, gespeichert und verwaltet werden.
- Patienten-spezifische medizinische Informationen müssen evaluiert und die medikamentöse Therapie-Plan soll gemeinsam mit dem Patienten entwickelt werden.

- Der Pharmazeut stellt sicher, dass alle Informationen und Hilfen dem Patienten zur Verfügung stehen, um seine medikamentöse Therapie nach Plan umzusetzen.
- Der Pharmazeut erhebt, überwacht und modifiziert den therapeutischen Plan falls notwendig und tut dies in angemessenem Maße gemeinsam mit dem Patienten, den Ärzten und dem Pflegekräften [37].

Also ist pharmazeutische Betreuung eben nicht nur die verantwortliche Gabe von Medikamenten zur Verbesserung der Lebensqualität von Patienten, sondern ein weit darüber hinausgehendes Gebiet, dass viele weitere Punkte wie Kommunikation, Moral und Ethik, Vorsorge, Nachsorge, Interdisziplinarität etc. mit einschließt [38].

7.2   Patient-Focused Care/Patienten-orientierte Betreuung

Dieser Punkt beschreibt die zentrale Fokussierung auf die von uns betreuten Personen. Ausgehend von der oben beschriebenen moralischen Zielsetzung ist dies der benannte Zweck unseres Tuns – der Patient.

Man findet in der Literatur (z. B. nach den Ideen des Picker-Instituts) auch die Konzentration auf die „Acht Dimensionen der patienten-zentrierten Pflege", die da sind:

- Respekt vor den Werten des Patienten, Vorlieben und Wünsche
- Koordinierte und integrierte Pflege
- Physisches Wohlbefinden
- Psychische Unterstützung und Vermeidung von Angst und Furcht
- Einbeziehung von Familie und Freunden
- Kontinuität und Verständlichkeit von Informationen
- Zugang zu Pflege (finanziell, strukturell, logistisch) [39]

Das bedeutet, dass all unser Handeln darauf ausgerichtet sein muss, dem Patienten zu helfen sowie aber auch, dass wir unser Tun auf die Frage der Über-Fürsorglichkeit überprüfen müssen. Heilberufler neigen leicht dazu, die Handlungsprämissen nicht nur moralisch zu betrachten, sondern oft aus einer persönlichen Beeinflussung heraus über-moralisch zu handeln und dabei das Ziel der Hilfe des Patienten aus den Augen zu verlieren. Sehr leicht ist dann die Situation zu erkennen, dass wir aus einer Schuld- oder Scham-Situation eine kompensierende Haltung (beispielsweise Mitleid) einnehmen und den Patienten nicht mehr als Zweck sehen, sondern als Mittel zum Zweck der Reduktion der eigenen Schuld [12].

Damit wird solch überfürsorgliches Handeln (wohlmeinender Zwang) aber wieder zu einer unmoralischen Handlung, da wir nicht mehr das Interesse des Patienten im Fokus haben, sondern es uns nur noch um unsere eigene psychische Befindlichkeit geht. Eine fachlich kompetente Arbeit zum Wohle des Patienten ist dann fast unmöglich, da wir die Ziele dieser Arbeit nicht mehr genau genug definieren können. Besonders kann man diese Situation bei kognitiv beeinträchtigten Personen wie beispielsweise Patienten mit demenzieller Erkrankung beobachten [40].

An dieser Stelle sei angemerkt, dass die geschilderte Situation noch viel häufiger im privaten häuslichen Umfeld anzutreffen ist, ohne äußeres Korrektiv und einhergehend mit hoher psychischer Belastung der Beteiligten. Ebenso ist eine überroutinierte und streng regelfolgende Kommunikation und Betreuung des Patienten nicht individuell genug, um dem einzelnen Patienten gerecht werden zu können. Patienten als Menschen sind nur bedingt mit einer Regelhaftigkeit zu begreifen, da die individuellen Unterschiede der Menschen jeden regelhaften Umgang herausfordern.

7.3   Multidisziplinäre ethische Regeln

Ethik und Ökonomie im Gesundheitssystem
Wir Pharmazeuten betreuen Kunden und Patienten, d. h. wir stehen ständig im Zwiespalt, als Kaufmann und/oder als Heilberufler handeln zu müssen. Dieser Zwiespalt führt immer wieder zu Konflikten zwischen den beiden Handlungsvorgaben. Wir werden als Kaufmann, selbst bei ethisch und moralisch gutem Handeln, immer anders handeln – müssen –, als Heilberufler, da wir hier allein die selbstlose fachliche Hilfe als Primat des Handelns annehmen sollten. Zwischen und mit diesen beiden Handlungsvorgaben gilt es nun ein fachliches aber eben auch moralisch gutes Agieren gegenüber dem Patienten/Kunden zu begründen und situativ auch zwischen diesen beiden Optionen zu wechseln oder sie zu vereinen. Grundsätzlich ist auch auf politischer und soziologischer Ebene zu fragen, wie eine moralisch gute Versorgung von vulnerablen, erkrankten Menschen aussehen sollte.

Fragen der Verteilungsgerechtigkeit und Fragen von Anspruchs- und Abwehrrechten von Patienten müssen diskutiert werden. Unsere Gesellschaft muss in der Versorgung von Patienten Grenzen setzen, zum einen, da ökonomisch nicht alles leistbar ist, zum anderen, da wir auch moralisch, psychologisch und soziologisch nicht alles leisten können und wollen. Natürlich müssen wir im Sinne von Anspruchs- und Abwehrrechten von Patienten auch berücksichtigen, dass jeder Patient eine eigene Vorstellung seiner Krankheit und auch von seiner Therapie oder Begleitung hat. Somit kann der Patient eine Behandlung aus seiner Autonomie und seinem Selbstbestimmungsrecht heraus ablehnen, auch wenn dies moralisch manchmal für den Außenstehenden nicht nachvollziehbar ist. Ebenso kann eine Therapie aus fachlichen und ökonomischen Gründen verändert oder abgesetzt werden und die Konsequenzen dieser Handlung sind nicht klar nachzuvollziehen, sondern setzen sich aus einer Menge vieler verschiedener Argumente zusammen.

Was Sie aus diesem *essential* mitnehmen können

- Warum wir eine pharmazeutische Ethik brauchen
- Grundlagen der Ethik und des moralischen Handelns in der Apotheke – wie ich als Apotheker moralisch – gut – handeln kann
- Beispiele für ethische Fragestellungen in der Apotheke
- Ideen für eine erweiterte pharmazeutische Ethik
- Grundlagen für interdisziplinäres ethisches Handeln
- Überlegungen zu Patientenverfügungen und selbstbestimmten Handeln als Patient
- Grundlagen für eine pharmazeutisch-ethische Kommunikation

© Springer Fachmedien Wiesbaden GmbH, ein Teil von Springer Nature 2019
R. Heide, *Ethik in der Apotheke,* essentials,
https://doi.org/10.1007/978-3-658-26484-0

Literatur

1. Fink, E., & Tromm, C. (2015). *Pharmazie und Ethik*. Eschborn: Govi.
2. Habermas, J. (2018). *Diskursethik* (Bd. 3). Frankfurt a. M.: Suhrkamp.
3. Anderegg-Wirth, E., & Rehmann-Sutter, C. (2008). „Gibt es eine pharmazeutische Ethik?". *PharmaJournal, 6,* 12–16.
4. Salek, S., & Edgar, A. (Hrsg.). (2002). *Pharmaceutical ethics.* Chichester: Wiley.
5. Hübner, D. (2018). *Einführung in die philosophische Ethik.* Göttingen: utb Vandenhoeck & Ruprecht GmbH.
6. Jox, R. J., Ach, J. S., & Schöne-Seifert, B. (2014). Der „natürliche Wille" und seine ethische Einordnung. *Deutsches Ärzteblatt, 10,* 394–396.
7. Dworkin, R. (1993). *Life's dominion. An argument about abortion, euthanasia and indiviual freedom.* New York: Random House LLC.
8. Aristoteles. (1972). *Die Nikomachische Ethik* (Übers. Olof Gigon). München: Deutscher Taschenbuch Verlag GmbH.
9. Kant, I. (2017). *Grundlegung zur Metaphysik der Sitten* (Bd. 4507). Stuttgart: Reclam.
10. Kant, I. (2004). *Die Metaphysik der Sitten* (Bd. 4508). Stuttgart: Reclam.
11. Heide, R. (2018). *Psychopharmaka als Mittel zur Freiheitsbeschränkung.* Heidelberg: Springer.
12. Lotter, M.-S. (2016). *Scham, Schuld, Verantwortung. Suhrkamp taschenbuch wissenschaft.* Berlin: Suhrkamp.
13. Pistrol, F. (2016). Vulnerabilität-Erläuterungen zu einem Schlüsselbegriff im Denken Judith Butlers. *Zeitschrift für Praktische Philsophie, 3*(1), 233–272.
14. Beauchamp, T.-L., & Childress, J.-F. (2009). *Principles of biomedical ethics.* Oxford: Oxford University Press.
15. Wittgenstein, L. (1999). *„Philosophische Untersuchungen." Wittgenstein, Ludwig* (Bd. 1)., Werkausgabe Ludwig Wittgenstein Frankfurt a. M.: Suhrkamp.
16. Heide, T. (2018). *Warum private Sprache unmöglich ist.* Berlin: Freie Universität Berlin.
17. Luhmann, N. (1989). *Vertrauen. Ein Mechanismus zur Reduktion sozialer Komplexizität* (3. Aufl.). Stuttgart: Enke.
18. Inthron, J. (2010). *Richtlinien, Ethikstandards un kritisches Korrektiv.* Göttingen: Edition Ruprecht.

© Springer Fachmedien Wiesbaden GmbH, ein Teil von Springer Nature 2019
R. Heide, *Ethik in der Apotheke,* essentials,
https://doi.org/10.1007/978-3-658-26484-0

19. Pantel, W., Bockenheimer-Lucius, E., et al. (2005). *Psychopharmaka im Altenheim. Klinik für Psychiatrie F*. Frankfurt a. M.: Johann-Wolfgang-Goethe Universität.
20. Jaworska, A. (2005). Respecting the margins of agency: Alzheimer's patients and the capacity to value. Philosophy public affairs, S. 105. New York: Wiley.
21. Schramme, T. (Hrsg.). (2012). *Krankheitstheorien*. Berlin: Suhrkamp.
22. King-Casas, B., Tomlin, D., et al. (2005). Getting to know you: Reputation and trust in a two-person economic exchange. *Science, 308*(5718), 78–83.
23. Erikson, E. H. (1973). *Identität und Lebenszyklus Drei Aufsätze*. Frankfurt a. M.: Suhrkamp.
24. de Saint-Exupèry, A. (1986). *Der kleine Prinz* (Übers. Grete und Josef Leitgeb). Berlin: Verlag Volk & Welt.
25. Hume, D. (1984). *Eine Untersuchung über den menschlichen Verstand* (Übers. Raoul Richter). Hamburg: Felix Meiner.
26. Deutsch, M. (1962). *Cooperation and trust: Some theoretical notes. Jones, M.R. Nebraska symposium of motivation* (S. 275–319). Lincoln: University of Nebraska Press.
27. Sztompka, P. (1995). Vertrauen: Die fehlende Ressource in der postkommunistischen Gesellschaft. *Kölner Zeitschrift für Soziologie und Sozialpsychologie, 35*, 254–276.
28. Hitzler, R., Honer, A., & Maeder, C. (1994). *Expertenwissen*. Opladen: Westdeutscher Verlag.
29. Wiesemann, C. (Hrsg. Forschergruppe). (2013). *Autonomie und Vertrauen in der modernen Medizin. Autonomie & Vertauen*. Göttingen: Universitätsverlag.
30. Platon (2018). *Menon* (Übers. Theodor Ebert). Berlin: DeGruyter.
31. Gettier, E. (1963). Is justified true belief knowledge? *Analysis, 23*, 151–153.
32. Geiger, D., & Schreyögg, G. (2003). Wenn alles Wissen ist, ist Wissen am Ende nichts? *Die Betriebswirtschaft DBW, 63*, 7–22.
33. Lyotard, J.-F. (1999). *Das postmoderne Wissen*. Wien: Passagen Verlag.
34. Rott, H. (2002). Meinen und Wissen. 10.06.2002 Uni Regensburg. https://www. uni-regensburg.de/philosophie-kunst-geschichte-gesellschaft/theoretische-philosophie/ medien/texte-rott/fogrumw_06-10-02_signiert.pdf. Zugegriffen: 4. Aug. 2018.
35. Pieringer, W., & Ebner, F. (2000). *Zur Philosophie der Medizin*. Heidelberg: Springer.
36. Principles of Practice for Pharmaceutical Care. (1995). http://www.pharmacist.com/ principles-practice-pharmaceutical-care. Zugegriffen: 31. Dez. 2018.
37. American Pharmacist Association. (1994). Code of ethics (27.10.1994). https://www. pharmacist.com/code-ethics#. Zugegriffen: 24. Sep. 2018.
38. van Mil, J. W. F., & Fernandez-LLimos, F. (2013). What is „pharmaceutical care" in 2013? *Pharmacy Practice, 11*, 1–2.
39. Picker Institute. (1987). Principles of person centred care. https://www.picker.org/ about-us/picker-principles-of-person-centred-care/. Zugegriffen: 3. Apr. 2019.
40. Heide, R. (2017). *Was ist wahr, was ist falsch? Das Dilemma des Demnzpatienten in der Wahrnehmung des Außenstehenden*. München: Grin.

springer.com

Printed in the United States
By Bookmasters